Ronald May

Die Menschenerkenner

Wie man passende Kandidaten findet
und Fehlbesetzungen vermeidet

BusinessVillage
Update your Knowledge!

Ronald May
Die Menschenerkenner
Wie man passende Kandidaten findet und Fehlbesetzungen vermeidet
1. Auflage 2011
© BusinessVillage GmbH, Göttingen

Bestellnummern
ISBN 978-3-86980-110-0 (Druckausgabe)
ISBN 978-3-86980-111-7 (E-Book, PDF)

Direktbezug www.businessvillage.de/bl/845

Bezugs– und Verlagsanschrift
BusinessVillage GmbH
Reinhäuser Landstraße 22
37083 Göttingen
Telefon: +49 (0)5 51 20 99–100
Fax: +49 (0)5 51 20 99–105
E–Mail: info@businessvillage.de
Web: www.businessvillage.de

Layout und Satz
Sabine Kempke

Coverillustration
Sven Hoppe, www.fotolia.de

Illustration im Buch
Heiko Sakurai, www.sakurai-cartoons.de

Textüberarbeitung
Dr. Regina Mahlmann, www.dr-mahlmann.de

Druck und Bindung
fgb. freiburger graphische betriebe, Freiburg

Inhaltsverzeichnis

Über den Autor

Ronald May, Diplom-Kaufmann mit einem hohen Anspruch an Nachhaltigkeit und einem Faible für schwarzen Humor, wurde 1963 geboren und ist seit mehr als zehn Jahren als Personalberater tätig. Seit 2010 leitet er FMT International als Vorstand. Die Personalberatung FMT International – ein Premium-Spin-Off des Weltmarktführers im Executive Search – gehört zu den Vorreitern einer auf Werte basierenden und Werte orientierten Personalberatung. Ihr Fokus liegt auf Nachhaltigkeit. Daher geht es primär darum, Fehlbesetzungen dadurch zu verhindern, dass neben fachlichen und sachlichen, also leistungsbezogenen Parametern auch solche einbezogen werden, die das kulturelle und ethische Umfeld auf beiden Seiten (Unternehmen und Kandidaten) betreffen. Nachhaltigkeit und Erfolg gehen Hand in Hand. Deshalb pflegt FMT International intensive Kooperation aller Beteiligter: Unternehmen, zu platzierende Kandidaten und Berater.

Kontaktdaten
Ronald May
Telefon + 49 (0) 30 40 50 81 3-0
www.fmt-international.com
E-Mail: rm@fmt-international.com

Danksagung

Die Idee zu diesem Buch trug ich schon seit mehreren Jahren in mir. Ich bin im Laufe meiner Beratungstätigkeit schon vielen Unternehmern, Vorständen, Geschäftsführern sowie Personalern und anderen Entscheidungsträgern begegnet, deren Vorgehensweisen und Entscheidungskriterien bei der Besetzung von wichtigen Positionen sich mir leider bis heute nicht eröffnet haben. Ich traf aber auch andere Entscheidungsträger, welche sich für den Menschen hinter einer Vakanz interessieren, die im Sinne dieser und der Erreichung der Unternehmensziele agieren und dafür ihre persönlichen Interessen hinten anstellen. Das sind diejenigen, bei welchen ich mich bedanken möchte, ohne diese Persönlichkeiten würde es dieses Buch nicht geben. Besonderer Dank gebührt außerdem Frau Dr. Regina Mahlmann für ihren Fleiß und ihre enorme Kreativität; Herrn Thomas Wehrs, der immerwährend und unermüdlich unterstützend zur Seite stand, Herrn Heiko Sakurai für seine zeichnerische Leistung sowie natürlich meiner Familie, meinen Freunden und allen Partnern, Kollegen und Mitarbeitern der FMT International.

Berlin, im Dezember 2010

Ronald May

Vorwort und Überblick

Werte Leserinnen und Leser, Sie kennen die Metapher vom Fisch, der vom Kopf her stinkt. Zwar scheint dies zunächst ein negatives Bild zu sein. Andererseits ist damit deutlich lokalisiert, wo das Entscheidende und Maßgebliche sitzt: im Kopf, an der Spitze oder schlicht: oben. Übertragen auf Unternehmen: Das Topmanagement ist es, dem eine im wörtlichen Sinn entscheidende und maßgebliche Bedeutung zukommt. Seine Entscheidungen sind es, die weitreichende Auswirkungen im gesamten Unternehmen haben. Das gilt selbstverständlich auch für die Besetzung von Funktionen und Positionen. In diesem Sinn versinnbildlicht die Metapher vom Fisch, wo wir die entscheidenden Hebel sehen, um Fehlbesetzungen zu vermeiden.

Es geht um Vorbeugung: Welchen Beitrag können die Personen aus der Entscheidungszentrale leisten, um Fehlbesetzungen zu verhindern? Wir leben nicht im Elfenbeinturm; deshalb passiert es in der Praxis, dass ein Kandidat falsch platziert wird. Dann geht es darum, den Schaden zu beheben. Man kann auch sagen: um Regeneration. Was können die Entscheider tun, um sie zu beschleunigen? Schließlich geht es um optimale Platzierung. Die Frage ist dann, was die Entscheider bereits bei der Kandidatenauswahl tun können, um die oder den Geeigneten zu finden.

Damit ist klar, wen dieses Buch in erster Linie anspricht: Zum einen Kandidaten auf der Suche nach dem nächsten Karriereschritt, zum zweiten Führungskräfte, Personaler und das Topmanagement, das das Unternehmen führt (Geschäftsführung, Gremium der Geschäftsleitung). Diesen Personenkreis versinnbildlicht der Kopf, weil sie die grundlegende Verantwortung für unternehmerisch wirksame Entscheidungen tragen. Zu den Entscheidungen mit der effektivsten Hebelwirkung gehören Personalentscheidungen. Wer wird eingestellt? Wer wird ge- und befördert? Wer wird wohin gesetzt? Die Antworten darauf sind Positionierungen. Ob und unter welchen Bedingungen mit welchen Folgen die Richtigen an den richtigen Ort gelangen oder aber sich als Fehlbesetzungen entpuppen, hängt von Faktoren ab, die wir aufzeigen.

Mitarbeiter mit und ohne Führungsverantwortung sind bekanntlich das A und O für den Erfolg des Unternehmens. Erstaunlicherweise werden Personalentscheidungen dieser tragenden Bedeutung noch immer wenig gerecht. Dies in mindestens zwei Richtungen: Die einen werden von Personalern und/oder Chefs gehätschelt und befördert, die anderen vernachlässigt und vergessen – und zwar weitgehend unabhängig von faktischen Leistungen und Qualifikation. Hier wirkt das Matthäus-Prinzip: „Wer hat, dem wird gegeben" – nicht aus Böswilligkeit (auch, wenn das ebenfalls vorkommt), sondern aus verschiedenen Gründen. Einer davon liegt in der Überforderung vor allem von Personalern und Chefs, die sich für einen Kandidaten entscheiden sollen.

Wir befinden uns mitten im Thema: Fehlbesetzung in Unternehmen. Über das, was Chefs und Personaler oder „HRler" (Mitarbeiter im Bereich „Human Resources"), alles tun können, sollen, müssen, um intern dafür zu sorgen, dass jeder Mitarbeiter am für ihn richtigen Ort sitzt, ist unglaublich viel geschrieben worden und wird es noch. Diesen internen Erfordernissen und Prozessen widmen wir uns deshalb selektiv, das heißt dort, wo es dringend geboten scheint. Vor allem werden wir Personaler explizit in die Pflicht nehmen. Unsere Konzentration lenken wir auf den Fall, der bisher in der öffentlichen Diskussion eher unterbelichtet ist: auf die Gefahren, die lauern, wenn Führungspositionen extern besetzt werden.

Mit einem grellen Scheinwerfer strahlen wir das höchste Risiko an, das ein Unternehmen eingeht, wenn es eine Führungsposition besetzt: mit einem Kandidaten von außen, aus der Fremde. Wir fokussieren nicht den Spatz in der Hand, sondern die Taube auf dem Dach. Oder, um in der Eingangsmetaphorik zu bleiben: Unsere Aufmerksamkeit gilt vorzugsweise dem Fisch aus fremden Gewässern.

Der Fisch aus dem eigenen Teich wie der Spatz in der Hand verweisen auf die Illusion interner Besetzungspolitik: „Da weiß ich, was ich habe." Wir zeigen, dass es ein Irrtum ist, zu meinen, dass selbst bei internen Besetzungen klar ist, „was ich habe". Sie kennen das: In einem Team A läuft Kollegin B zur Hochform auf und fällt, in ein Team B versetzt, in Lichtgeschwindigkeit vom Himmel – schlicht, weil der Kontext ein anderer ist. Für die Besetzung von Funktionen mit Kandidaten von außen gilt eher: „Wer nicht wagt, der nicht gewinnt" – dies allerdings als kalkuliertes Risiko und folglich mit einem Mindestgrad an Unsicherheit. Ein „Restrisiko" ist unvermeidbar. Erweist sich schon die interne Besetzung als virusanfällig – wie dann erst die externe Besetzung! Dem Virus auszuweichen, Restrisiko und Anfälligkeit winzig zu halten – darin liegt die Zielrichtung des Buches. Deshalb bieten wir Ihnen in den Beispielen, den Diskussionen und Ausführungen eine Art Prüfliste, mit deren Hilfe Sie Fehlbesetzungen idealerweise vermeiden können. Zumindest werden Sie in der Lage sein, sie auf ein verschmerzbares Maß zu reduzieren.

Kurz und gut: Sie als Entscheider erfahren, wodurch Fehlbesetzungen wahrscheinlich werden, woran Sie sie erkennen, wie Sie sie vermeiden und worauf Sie achten sollten, um dem Virus der Fehlbesetzung den Eintritt in den Unternehmenskörper zu verwehren. Und Sie als Kandidat erfahren, woran Sie das gesunde – nicht vom Virus befallene – Unternehmen erkennen und worauf Sie, zu Ihrem eigenen Schutz, achten sollten, um nicht fälschlicherweise als Virusträger eingeschätzt und positioniert zu werden.

1.
Überzeugungen und Verhaltensweisen als Gründe für Fehlbesetzungen: Warum Sie häufig die „Falschen" erwischen

Das Virus liegt auf der Lauer, unbemerkt. Es verkörpert sich in der Regel in einem Kandidaten, der als hoch qualifizierte, mit hervorragenden Noten ausgestattete Persönlichkeit beurteilt wird und je nach Berufserfahrung bepackt ist mit einem Rucksack an beachtlichen Leistungen. Er hat sämtliche Procedere der Auswahl mit Bravour hinter sich gebracht, wird als geeignetster Kandidat identifiziert und im Unternehmen mit mehr oder weniger Pomp (neu) platziert. Die Personalabteilung schwelgt stolz die Brust: „Endlich fündig geworden und einen der Besten gewonnen!"

Fehlbesetzung ist unser Thema, und zwar Fehlbesetzungen von Führungsposten. Angesichts der Dramatik, die dadurch für Unternehmen entstehen kann, werden wir pointieren, zuspitzen, polarisieren – stets in konstruktiver Absicht. In zuweilen provokativer Tonlage entlarven wir, wie es trotz aller Sorgfalt genau gegenteilig herauskommen kann: Der Beste sitzt falsch!

Als zwei der verantwortlichen Spieler auf diesem Feld identifizieren wir Personaler und Personalentscheidungen fällende Führungskräfte, „Personalentscheider" also. Wir decken auf, welche zentralen Überzeugungen und psychologischen Mechanismen Fehlbesetzungen begünstigen.

Dabei lassen wir zwar interne Umplatzierungen (meist als „Beförderung" verkauft) thematisch mitlaufen. Konzentrieren werden wir uns allerdings auf den heikleren Fall der Besetzung eines Führungspostens mit einem externen Bewerber.

1.1 Personaler sind Menschenerkenner

Im Sommer 2010 einigten sich einige Großkonzerne (zum Beispiel Telekom, L'Oréal) auf ein Pilotprojekt mit anonymen Bewerbungen. An diesem Projekt nehmen das Bundesfamilienministerium und fünf Unternehmen teil. Der Kern: Im ersten Schritt der Bewerbung fehlen das Foto und Angaben zu Name, Alter, Geschlecht, Religionszugehörigkeit und Nationalität. Uns interessiert an dieser Stelle nicht, wer sich im Einzelnen dafür begeisterte und was kritische Stimmen dagegenhielten und -halten. Laut Presse stieß das Projekt bei Personalern auf enorme positive Resonanz. Denn, so die Argumentation, Bewerbungen ohne Namen, Foto, Nationalität und Alter vergrößerten die Chance, dass auch benachteiligte Gruppen wie Personen nicht-deutscher Nationalität oder Herkunft, Frauen, Behinderte und Ältere zum Zuge kämen – weil das Hauptaugenmerk den Angaben gälte, die sich auf die fachliche Qualifikation bezögen. Diese Begründung und die Akzeptanz bei Personalern wirft ein Schlaglicht auf eine bemerkenswerte Diskrepanz. Denn einerseits beanspruchen sie, qua Funktion und Ausbildung Menschen zuverlässig erkennen, ihre Persönlichkeit rasch erfassen zu können. Andererseits – siehe Pilotprojekt – gestehen sie ein, dass auch sie unter anderem dem Halo-Effekt, auch als Prinzip des pars pro toto bezeichnet, und dem Prinzip der Ähnlichkeit unterliegen.

Um es vorweg zu sagen. Hier geht es nicht um die Suche nach schwarzen Schafen. Wenn Personalexpertinnen und Personalexperten in den Vordergrund gerückt werden, die sich mit Personal- und Organisationsentwicklung befassen, dann deshalb, weil sie maßgeblich an Personalentscheidungen beteiligt sind. Deshalb sprechen wir ihnen eine besondere Verantwortung zu. Ihre Expertise und ihre Empfehlungen haben hervorgehobene Bedeutung und zeitigen folgenreiche Wirkungen. Sie üben enorme Hebelwirkung aus.

Halo und Pars pro toto

Halo-Effekt und Pars pro toto haben eines gemeinsam: In beiden Fällen schließen wir von einem Teil auf das Ganze. Pars pro toto bedeutet: den Teil für das Ganze nehmen. Das Wort „Halo" meint: Heiligenschein mit Lichtquelle und Lichthof. Im übertragenen Sinn verweist das darauf, dass dank des Halo-Effekts auch jene Objekte leuchten, die nicht im Zentrum der Lichtquelle, sondern in deren Lichthof liegen.

Pars pro toto und Halo-Effekt begegnen uns überall. Sie gehören zur Ausstattung jedes Menschen. Das Marketing etwa setzt auf diesen psychischen Mechanismus, wenn es einem Produkt eine bestimmte Aura verleihen will. Im amerikanischen Präsidentschaftswahlkampf wurde Barack Obama als Held, Visionär, als Retter der Welt inszeniert und alle Helfer erstrahlten in diesem Licht. Das hatte weniger mit seiner fachlichen und beruflichen Biographie zu tun, als viel mit der Art, wie er auftrat, ging, sich bewegte, mit seiner Mimik, seiner Gestik und seiner Rhetorik. Und außerdem sieht er auch noch gut aus! In den Vordergrund rückte sein Charisma.

Noch einmal: Pars pro toto und Halo-Effekt führen dazu, dass einzelne Beobachtungen und deren Wertung das Produkt oder die gesamte Persönlichkeit und deren Performance überziehen – und folglich bestimmen, was wir dem Produkt bzw. Menschen zuschreiben und zutrauen. Damit determinieren sie auch unser Handeln.

Auch in Unternehmen wirken die beiden Prinzipien: Wenn sich Angestellte gern zusammen mit ihren angesehenen Vorgesetzten sehen lassen, dann hoffen sie, von dem Glanz, von deren Macht und Reputation auch etwas abzubekommen.

Ein Klient aus dem Topmanagement wechselte von einer Führungsposition in den Vorstand eines anderen Unternehmens – eine Position, die ihn verstärkt in das Licht der Öffentlichkeit stellte. Stolz erzählte er lachend am Telefon: „Zwar weiß ich noch nicht richtig, ob ich mich völlig wohlfühlen werde in diesem Elite-Milieu, aber mit Politikern und Aufsichtsräten am Tisch zu sitzen und mit denen zusammen auf Fotos zu erscheinen – na, das hat schon was!"

Pars pro toto und Halo-Effekt schlagen bei Einschätzungen und Beurteilungen von Personen durch, und auch Personaler, die sich als Experten für Menschen-Erkennen begreifen, werden Opfer dieses psychologischen Selektionsmechanismusses. Und genau dann wird es gefährlich, weil es Fehlbesetzungen Vorschub leistet. Dazu einige (verfremdete und typisierte) Beispiele aus dem Fundus unserer Erfahrungen.

Abteilungschef und Personalerin führen ein Gespräch über den Kandidaten – unmittelbar nach dem etwa einstündigen Bewerbungsgespräch.

Personalerin: *„Na, Herr W., was sagen Sie zu dem Kandidaten?"*
Abteilungschef: *„Tja, bin mir noch nicht so sicher ... Irgendwie schon sympathisch, aber ich weiß nicht recht, ob er wirklich meine schwierige Truppe aus lauter Diven führen kann."*

P.: „Ach ja? Ihre Unsicherheit überrascht mich! So offen, wie der war! Und auch – haben Sie bemerkt, wie flüssig der reden konnte? Ohne Ähs und Ähms! Außerdem hat er uns immer direkt in die Augen geschaut – auch ein gutes Zeichen für seine Selbstsicherheit. Also auf mich wirkte der sehr durchsetzungsstark."

A.: „Ja, schon, aber wir waren ja auch nicht in einer Sitzung mit meinen Einzelkämpfern! Ich weiß nicht recht, ob ich ihm zutraue, im Alltag das Team zu führen ..."

P.: „Hm, ich traue dem Herrn Kanz durchaus zu, dass er mit Ihren Individualisten klarkommt!"

Der Gestus der Personalexpertin ist die hochgezogene Augenbraue des „Ich-erkenne-Person-und-Potenzial", und zwar „auf einen Blick" und nach einem einstündigen Gespräch. Sie nimmt einzelne Indizien, die sie beobachtet hat, bewertet sie und überträgt sie auf die gesamte Persönlichkeit und deren Vermögen, mit einer sehr speziellen Gruppe von Expertinnen und Experten im Alltag zurechtzukommen. Dabei sind Eloquenz und Direktheit des Kandidaten, die sie begeisterten und überzeugten, nur kleine Facetten des Spektrums, das den Ausschlag für den Führungserfolg beim besonderen Team ist. Selbst die Unsicherheit, die zweifelnde Intuition der Führungspersönlichkeit wird nicht befragt, sondern mit dem Duktus der Überlegenheit einer Expertin weggewischt.

Dem Halo-Effekt erliegen wir fast automatisch. Es sei denn, wir machen uns diese Beurteilungsfalle bewusst. Es steckt weder eine bewusste Intention dahinter noch böser Wille. Es ist ein psychischer Mechanismus, der es uns ermöglicht, mit der Vielfalt der Wirklichkeit so klarzukommen, dass wir handlungsfähig werden. Es ist ein selektiver Mechanismus, der Komplexität reduziert. Aus dem Meer von Reizen nehmen wir nur Tropfen wahr, weil wir nur Tropfen verarbeiten können. Unser Gehirn wählt aus, was uns bewusst wird. Dabei wählt es mit Vorliebe das aus, was ihm besonders auffällt, und daran bleibt das Denken hängen. Hirnwissenschaftler bestätigen das und nennen diesen Effekt „Bahnung". Das, was uns auffällt, ist subjektiv bedeutsam und entscheidet darüber, was wir weiterhin in den Tunnel unseres Bewussten lassen und wie wir dies bewerten. Insofern spiegeln sich darin die persönlichen Einstellungen, Präferenzen und das Selbstbild wider. Halo-Effekt und Pars pro toto bewirken, dass sich ein Eindruck automatisch, ohne bewusstes Zutun fortpflanzt und unser weiteres Wahrnehmen, Denken und Fühlen, Verhalten und Handeln einspurt. Dies zumal dann, wenn sich Menschen unter Druck gesetzt fühlen.

Der Preis ist hoch. Denn gerade weil Selektivität und Prägung im Hintergrund laufen, entwickeln sie unkontrollierte und häufig unerwünschte Wirkung. So im Fall von Stellenbesetzungen.

Der Kandidat, beispielsweise, von dem oben die Rede war, wurde aufgrund der Empfehlung der Personalchefin eingestellt. Bereits in den ersten sechs Wochen entpuppte er sich als sehr engagiert. Bedauerlicherweise war er allerdings hoffnungslos überfordert, die Individualisten ziel- und konsensorientiert zu führen. Er wurde versetzt – und der Nachfolger hatte erheblichen Aufwand, den Motivationspegel wieder auf ein höheres Niveau zu bringen, sodass die Expertinnen und Experten mit Freude ihre bekannte Leistungsqualität zeigten.

Der Halo-Effekt wird seit Jahrzehnten vor allem in Schulen und Unternehmen erforscht (Sehr kompetent übersetzt auf unternehmerische Entscheidungen: Phil Rosenzweig, *Der Halo-Effekt. Wie Manager sich täuschen lassen.* GABAL, Offenbach 2008). Prominenz gewann der Halo-Effekt im Zusammenhang mit Schönheit. Die Frage, inwiefern sich Schönheit eines Gesichts auf die Beurteilung und – damit verknüpft – auf die Einschätzung der Persönlichkeit von Bewerberinnen und Bewerbern auswirkt, ist inzwischen klar entschieden: Es gibt diesen Effekt. Wer als schön empfunden wird, dem werden weitere angenehme, angesehene, erstrebenswerte Züge angedichtet wie etwa: Charme, Klugheit, kommunikative und soziale Kompetenz, gutes Benehmen, Kreativität. Eng mit Schönheit wird Attraktivität erforscht. Die Attraktivitätsforschung bezieht sich auf die gesamte äußere Erscheinung und umfasst zudem Verhaltensweisen. Attraktivität heißt Anziehung, und entsprechend wird gefragt, was andere Menschen als anziehend empfinden. Bestätigt ist auch hier: Sichtbare Faktoren werden als Ausgangspunkt für persönliche Bewertungen genommen (Zum Beispiel: Renz, Ulrich: Schönheit. Eine Wissenschaft für sich. Berlin Verlag, Berlin 2007; Bischoff, Sonja: *Wer führt in (die) Zukunft?* Reihe DGFP.PraxisEdition, Band 97, Bertelsmann, Bielefeld 2010).

Selbst Vor- und Zunamen entzünden ein Feuerwerk an Assoziationen. Die neueste Namensforschung hebt hervor, dass von Namen auf Persönlichkeit, Charakter und Potenzial geschlossen wird. Im Sommer 2010 ging ein Aufschrei durch die Presse. Zitiert wurde eine Untersuchung, die zeigte, dass Lehrer und Personaler auf Namen wie „Kevin" oder „Mandy" aversiv reagierten, auf Namen wie „Johannes" oder „Anna" mit Wohlwollen. Prompt wurde diesen letzteren Namensinhabern unterstellt, sie seien disziplinierter, freundlicher, intelligenter als die anderen. Die eingangs zitierte Pilotstudie berücksichtigt unter anderem den Fall, dass Namen auf Herkunft schließen lassen – und je nach Vorurteil des Personalentscheiders eher günstige oder ungünstige Prognose hervorrufen.

Und weiter: das Alter. Erfahren Personaler das Alter eines Kandidaten – auch darauf bezieht sich die Pilotstudie –, stellen sich selbsttätig bestimmte Assoziationen und Vorstellungen ein, die ihrerseits auf Klischees beruhen: Alle über 40-Jährigen, geschweige denn über 50-Jährigen, gelten als schwerfälliger in Veränderungssituationen, als intellektuell weniger flexibel, als langsamer im Lernen etc. als jene, die jünger als 40 Jahre sind. Das haben zwar Lernforschung und Hirnwissenschaft längst widerlegt. Aber gängige Klischees halten sich dadurch, dass sie häufig wiederholt werden. Auch dies ein Befund: Was wir oft hören oder sagen, gewinnt an Wahrheitswert. Stereotypik und Halo-Effekt gehen Hand in Hand und tun sich mit dem Realitäts-Check schwer.

Ein beschämendes Beispiel für Pars pro toto beziehungsweise Halo-Effekt erlebten wir in einer Situation, in der ein hochrangiger Kandidat, ein Personaler und ein Berater am Flughafen zu einem Gespräch verabredet waren. Der Kandidat, Mitglied der Geschäftsleitung eines international tätigen Unternehmens aus der Konsumgüterbranche, war seit knapp zwei Wochen permanent in verschiedenen Zeitzonen unterwegs. Als wir eintrafen, saß er bereits in der Lounge.

Auf dem Weg in die Lounge stupste der Personaler den Berater an: „Nun schauen Sie sich doch mal an, wie der dasitzt!" Der Geschäftsleiter saß in einem Sessel, bequem nach hinten gelehnt und daher nicht aufrecht, den Kopf etwas gewendet und die Augen halb geschlossen, vielleicht, weil er sich etwas entspannen wollte. Während des fast zweistündigen intensiven Austauschs wurde er lebhafter, sowohl im Wort als auch in der Gestik.

Nach Beendigung des Gesprächs kommentierte der Personalchef die Begegnung spontan mit den Worten: „Na, der hat sich ja erstaunlicherweise doch noch berappelt. Ich hatte schon Angst, dass wir ihn aufwecken müssten. – Naja, spielt zwar nicht die entscheidende Rolle, aber: Haben Sie seinen verknautschten Anzug gesehen? Die Socken waren auch noch runtergerutscht! Und die Vornehmheit in Person scheint er mir auch nicht zu sein! In der Position brauchen wir aber einen, der repräsentieren kann!" Genau das, schloss er, traue er dem Kandidaten aber nach diesem „Auftritt" nicht zu.

Ähnlichkeit und Wohlbefinden

Widmen wir uns einer weiteren Falle in der Beurteilung von Menschen. Nicht zuletzt Michael Hartmann, ein Darmstädter Soziologe, zeigte in Studien auf, wie stark das Prinzip der Ähnlichkeit die Wahrnehmung, Beurteilung und Auswahl von – unter anderem – Bewerbern für Führungspositionen prägt. Auch dieser psychologische Vorgang wirkt in der Regel unbewusst. Seine konstruktive oder destruktive Kraft entfaltet dieser

Wirkmechanismus in Unternehmen vorzugsweise dort, wo Entscheidungen für oder wider Personen getroffen werden sollen und nur vage Messkriterien genutzt werden können – oder keine.

Ähnlichkeit verführt uns, weil sie Komplexitätsreduktion und Entlastung verspricht: Wer uns ähnlich ist, mit dem – so die Überzeugung, die Intuition, die Annahme – verstehen wir uns „blind"; auf den können wir uns verlassen, weil er ähnlich „tickt", also denkt und fühlt. Ähnlichkeit suggeriert also Gleichklang ohne viel negativen Stress. Ähnlichkeit lässt uns glauben, ohne große Komplikationen zusammenarbeiten zu können. Ähnlichkeit verheißt, dass wir einen gemeinsamen Grundstock an Werten und Normen haben, denen wir folgen, und einen gemeinsamen Nenner, der uns wissen lässt, was geboten und verboten, was erwünscht und nicht erwünscht ist. Ähnlichkeit bedeutet ähnliche Herkunft und ähnliche Lebensmilieus, und verspricht deshalb, dass Kommunikation und Interaktion unkompliziert und einfach sind. Ähnlichkeit scheint zu sagen: Gleiche oder Ähnliche kennen einander immer schon besser als eine Person, die „ganz anders" ist und von woanders herkommt. Fremdes ist anders und unvertraut.

Die Macht der Wirkung von Ähnlichkeit belegen auch Forschungen aus den Neurowissenschaften: Immer dann, wenn eine Erwartung erfüllt wird, springt unser Belohnungssystem an und erzeugt Glücksbotenstoffe, Endorphine, Dopamin und Serotonin. Freuen wir uns, wird das Gehirn mit diesen Wohlfühlstoffen überschwemmt. Freude empfinden wir unter anderem dann, wenn wir auf ähnlich gesinnte oder gestimmte Zeitgenossen stoßen. Umgeben wir uns also mit Menschen, die uns ähnlich sind, erwarten wir eine heitere, problemfreie und fließende Geselligkeit, und die, so unsere Erfahrung, stellt sich in der Regel auch ein. Die Glücksbotenstoffe fließen. Das weiß seit Jahrhunderten bereits der Volksmund: Gleich und Gleich gesellt sich gern. Dieser Mechanismus scheint dem menschlichen Gehirn eingebaut, sodass er unweigerlich abläuft. Exakt aus diesem Grund ist Ähnlichkeit eine Verlockung, der spontan auch Personalentscheider erliegen. Die Ähnlichkeitsfalle ist allgegenwärtig. Ähnlichkeit provoziert – wenn die Analogie erlaubt ist – Inzest.

Dass Führungskräfte in diese Falle tappen, ist zwar bedauerlich. Selbstverständlich sollten sie das nicht, und mit der Höhe der Hierarchieleiter wächst die Erwartung, dass sie die Falle umgehen. Fairerweise muss man sogar dann, wenn man der Auffassung ist, sie dürften nicht hineinstolpern, berücksichtigen, dass Hintergrund und Funktion selbst von Top-Führungskräften nicht primär in der Personalselektion liegen. Als Kernfunktion von Führungspersönlichkeiten gilt, das Unternehmen visionär zu führen, strategisch voranzubringen und Rahmenbedingungen zu schaffen, die es den Mitarbeitenden ermöglichen, darin zielorientiert zu arbeiten. Ihre Ausbildungsbiografie hat meistens einen wirtschafts-, finanz-, rechts- oder gar technikwissenschaftlichen Hintergrund, und Karriere haben sie gemacht, weil sie auf dieser Basis hervorragende Leistungen erbracht haben. Dass sie auch noch Menschen beurteilen sollen, ist eine jüngere Entwicklung in der Führungspraxis (etwa seit Mitte des 20. Jahrhunderts). Was immer man von dieser Norm halten mag, Tatsache ist, dass Managern nichts anderes übrig bleibt, als sich die Fertigkeit nebenbei anzueignen. Bei Fehlgriffen können also mildernde Umstände geltend gemacht werden.

Das fällt bei Personalern schon schwerer. Denn erstens gehört Personalauswahl zu ihren Kernverantwortlichkeiten; zweitens sollten sie dafür spezifische Ausbildungsinhalte genossen haben (was öfter der Fall ist), und drittens präsentieren sie sich auffällig als jene Personen im Unternehmen, die diesbezüglich über eine Art Herrschaftswissen verfügen. Leider nutzen sie dies weniger in einer Weise, dass sich Führungskräfte kompetent beraten fühlen oder sie Personaler bei Personalentscheidungen gar als Korrektiv respektieren.

Einige Beispiele aus der Praxis sollen illustrieren, welchen Beitrag das Prinzip der Ähnlichkeit bei Fehlbesetzungen leistet.

Während einer Unternehmensveranstaltung wurden wir Zeugen eines Gesprächs zwischen Personalchefin und Bereichschefin (eine Ebene unter der Geschäftsleitung). Sie diskutierten lebhaft das Für und Wider einer Kandidatin, die als Stellvertreterin der Bereichschefin eingestellt werden sollte.

Personalchefin: *„Na, die könnte doch wunderbar zu dir passen! Ich sehe euch schon als Tandem vor mir. So, wie ich sie erlebt habe, teilt sie deine wichtigsten Ansichten und scheint auch ähnlich wie du zu agieren. Das Team müsste sich nur wenig umstellen – es wäre weniger Stress in der Einarbeitung, oder?"*

Bereichschefin: *„Hm, das stimmt wohl. Ich könnte mir gut vorstellen, dass sie zu mir und zum Team passt und die Zusammenarbeit problemlos wäre. Nur: Will ich das? Ich meine: Einerseits ist das fein, aber andererseits – ich brauche keinen Klon, sondern eine Stellvertretung, die mich auch ergänzt oder sogar korrigiert – zumal jetzt, wo die Geschäftsleitung von uns verlangt, in der Produktentwicklung loszulegen und uns auch noch mit dem Marketing strukturell kurzschließen will. – Ich gestehe: Im Stress des Alltags wäre es mir lieber, wenn ich mich blind auf eine Stellvertretung verlassen könnte, weil sie aus Überzeugung das tut, was ich für richtig halte. Ich kann wirklich nicht noch zusätzlich Debatten um den richtigen Weg ausfechten! Mein Kopf rät mir, weiterzusuchen; aber wenn ich meine Belastung sehe und den Aufwand, eine Person einzuarbeiten, die neuen Wind verkörpert ... Ich glaube, dass ich sie nehme. Dann kann ich mich den neuen Herausforderungen widmen, während sie die Routine am Laufen hält und trotzdem als mein Sparringpartner fungieren kann."*

Die Personalchefin zeigte viel Empathie und damit Verständnis für die Argumentation, eine Stellvertreterin zu brauchen, die zur Bereichschefin und ins Team passt und den Alltag organisieren soll. Leider zu viel. Denn zum einen verließ sie sich auf den Eindruck der Ähnlichkeit und den damit angenommenen Vorteil für die Bereichschefin. Zum anderen verlor sie etwas aus den Augen, das bei neuen Aufgabenstellungen mehr als hinderlich ist: Sie akzeptierte das Bild, das die Bereichsleiterin von sich selbst hatte. Die

Personalchefin widersprach nicht, als die Bereichsleiterin, die seit mehr als zehn Jahren in dieser Funktion arbeitete, sich zutraute, die von der Geschäftsleitung geforderten grundlegenden Veränderungen quasi im Alleingang bewerkstelligen zu können. Die Personalexpertin nahm ferner hin, dass der Stellvertreterposten entwertet wurde, indem die neue Kollegin vor allem als exekutives Organ begriffen wurde und das ausführen sollte, was mit der neuen Aufgabe gerade nicht verbunden war.

Tragischerweise fiel die Entscheidung tatsächlich zugunsten der ähnlichen Kandidatin aus.

Nach Ablauf einiger Monate beschwerte sich die Bereichschefin bei einem ihr länger bekannten Berater. Der Tenor klang so: Die Neue sei nicht das, was sie sich von ihr erwartet hätte. Sie sei renitent, passe sich nicht an und verfolge ihren eigenen Plan – schiele auf die Geschäftsleitung und wolle sich dort als starke und kreative Stellvertreterin profilieren. Im Team sei sie zwar angesehen, aber sie stifte doch sehr viel Unruhe. Also, dass sie dermaßen Ärger mit der Neuen bekommen würde – das hätte sie nicht gedacht! Und überhaupt: Die Personalchefin habe sich total getäuscht. Sie sei überhaupt keine Hilfe gewesen. Von wegen Menschenkenntnis!

Was war geschehen? Aus der Perspektive der Bereichschefin erwies sich die neue Kollegin als Fehlbesetzung (weniger aus der der Geschäftsleitung). Die Annahme von Ähnlichkeit und damit Kennen der anderen Person mündete in die Entscheidung, die Kandidatin anzustellen. Das Versagen der Personalchefin lag darin, sich von Ähnlichkeitsvermutungen leiten zu lassen und zu versäumen, ihren Charaktereindruck kritisch zu überprüfen (und in Bezug zu den Unternehmenszielen zu setzen). Die angenommene Ähnlichkeit war nur eine scheinbare, eine Ähnlichkeit auf den ersten Blick.

Ähnlichkeit verführt zu einem Tunnelblick, der jene Eigenheiten einer Person ausblendet, die außerhalb der Wände des Tunnels liegen und die daher den Filter der selektiven Aufmerksamkeit nicht durchlaufen können. Ähnlichkeit ist angenehm und in bestimmten Kontexten auch zieldienlich, aber eine Hürde, wenn Veränderungen anstehen und Aufgaben Kontroversen und fremde Sichtweisen erfordern.

Noch einmal sei betont: Es geht uns nicht darum, den berüchtigten Schwarzen Peter zu deponieren! Wir wollen pieksen, anstoßen, hervorlocken, indem wir auf geläufige Gefahrenquellen hinweisen, die zu kostenträchtigen Fehlbesetzungen führen können. In dem Fall der Bereichsleiterin war es sogar so, dass sie um die Falle wusste! Wissen schützt vor Torheit nicht. Ähnlichkeit korrumpiert. Entscheidungen fallen gar wider besseres Wissen, weil Menschen auf die Vorteile von Ähnlichkeit setzen: Entlastung. Im Beispiel der Bereichsleiterin kam die Hoffnung dazu, durch die Entlastung die Möglichkeit zu haben, sich dem Neuen zu widmen. Sie schätzte ihre eigene Leistungsfähigkeit diesbezüglich allerdings falsch ein und hatte in der Personalchefin kein Korrektiv gefunden. Aus Unternehmenssicht muss man fragen, wer hier fehl am Platz ist. Aber das ist eine andere Diskussion.

In einem anderen Fall suchte der Personalchef eines mittelständischen Produktionsunternehmens einen Kandidaten, der als Leiter der IT-Abteilung eingesetzt werden sollte. Ein Bewerber hatte glänzende Zeugnisse und einschlägige Erfahrungen, war so jung, wie er sein sollte, erwies sich in dem Auswahlgespräch als pünktlich, zeigte gute Manieren und wurde von dem Personalchef als außerordentlich sympathisch wahrgenommen. Dieser Sympathieeffekt wurde zumindest mitbefördert durch eine Begeisterung der besonderen Sorte: Der Personalchef hatte im Lebenslauf des Kandidaten entdeckt, dass dieser und er an derselben Universität in den Vereinigten Staaten von Amerika den MBA gemacht hatten. Folglich tauschten sie im heitersten Plauderton Erlebnisse und Erfahrungen aus, fragten sich wechselseitig nach Restaurants und ob der Koch von A noch dort sei, der Superkellner von B und so weiter. Je länger sie plauderten, desto mehr Gemeinsamkeiten deckten sie auf. – Der Kandidat bekam den Zuschlag.

Milieuaffinität, Ähnlichkeiten auf unterschiedlichen Geschmacksgebieten und der vitale Austausch darüber hatten dem Personalchef „das Gefühl gegeben, dass der Herr X genau der richtige für den Posten" sei. Nun ja, der weit Gereiste und trotz seiner jungen Jahre (Ende 30) recht erfahrene Mann und Manager arbeitete sich fleißig ein, konnte fachlich brillieren – nur wurde er weder mit seinem Team noch mit seinen Kollegen warm. Unsere Befragung förderte als Gründe diese zutage: zu laut („Das Lachen hören Sie schon am Eingang!"), zu angeberisch („Wir nennen ihn ‚Mister-wo-ich-schon-überall-war'"), zu eingebildet („Herr von Hochbegabt: ‚Ich habe schon mit 18 das Studium begonnen!'), hört nicht richtig zu und fällt ins Wort („Dem muss man den Mund zukleben") und zu voreilig („Wenn der meint, etwas machen zu müssen, tut er es ohne Abstimmung.").

Fazit

Halo-Effekt, Pars pro toto und Ähnlichkeit gehören der Gruppe von Beurteilungsfehlern an, für die jeder Mensch anfällig ist. Sie erfüllen durchaus positive Funktionen. Sie ermöglichen uns etwa, dass wir uns schnell orientieren und zurechtfinden. Diese Stärke kippt um in eine Schwäche, wenn es um Personalentscheidungen geht. Personalentscheider, insbesondere Personalfachleute, sollten sich dieser Fallen bewusst sein. Das Selbstbild, das in Personalabteilungen vorherrscht, nämlich dass sich dort Personen versammeln, die mit der außergewöhnlichen Gabe beschenkt wurden, Menschen rasch treffend einschätzen zu können – dieses Selbstbild sollte, wenn nicht demontiert, so doch sehr kritisch überprüft werden. Personaler, die zu ernstzunehmenden Experten, Korrektiven und zum respektierten Berater ihrer Führungskräfte avancieren wollen, haben keine andere Wahl. Sie sollten stets auf der Hut sein und sich in jeder Phase eines Bewerbungsverfahrens fragen, inwiefern sie diese drei psychologischen Mechanismen bewusst umgangen haben. Solche Fragen könnten lauten wie diese: *Woran mache ich fest, dass …? Welche Indizien sprechen für ….? Was habe ich wahrgenommen, dass nicht in dieses Bild passt? Wenn ich aus der Perspektive des Kandidaten schaue, was sehe ich dann?*

Solche und ähnliche Fragestellungen können das Selbstbild, das in Personalerkreisen en vogue ist, kultiviert und verteidigt wird, nähren helfen: das Selbstbild vom Menschenerkenner.

Im folgenden Abschnitt widmen wir uns einer ebenfalls verbreiteten Praxis: dem gewinnenden Charme des ersten Impuls nachzugeben.

1.2 Der erste Impuls ist die beste Entscheidung

Die Begriffe werden im Alltag synonym verwendet. Das ist zwar wissenschaftlich unpräzise, aber wir schließen uns dem Gebrauch an. Zumal selbst Neurowissenschaftler, wenn sie in populären Medien sprechen, dies gleichermaßen tun. Dicht auf diese beiden Begriffe folgt derjenige der „Pfadabhängigkeit".

Im Folgenden klären wir, was mit Intuition, Bauchgefühl und Pfadabhängigkeit gemeint ist und inwiefern sie ein Einfallstor für Fehleinschätzungen und Fehlbesetzungen darstellen beziehungsweise diesen Vorschub leisten.

Bauchgefühl und Intuition

Der Leiter eines kostenintensiven Großvorhabens präsentierte dem Gremium der Geschäftsführung das komplexe Entwicklungsprojekt. Er hatte sich zu Zielen, Rahmenbedingungen, zu Stand und beteiligten Abteilungen etc. geäußert. Der Präsentation folgte eine kontroverse Diskussion. Im Anschluss verfügte der Kopf der Geschäftsführung des mittelständischen Unternehmens, das Projekt vorerst zu stoppen. Auf die Frage eines Kollegen, was ihn dazu veranlasse, erwiderte er: „Ich kann es Ihnen momentan nicht präzise begründen. Tut mir leid. Ich weiß, das ist eine dünne Erklärung, aber irgendetwas stimmt nicht. Irgendetwas irritiert und verunsichert mich." Wenige Tage später lieferte er die Begründung nach: Der Projektleiter habe immer dort, wo er exakte Aussagen, zumindest begründete Einschätzungen machen sollte, vage formuliert. Dies habe besonders Passagen betroffen, die den Stellenwert der Innovation auf dem Markt und für spezielle Großkunden beschreiben und analysieren sollten. Dieses Drumherumreden habe in ihm Zweifel ausgelöst, ob das Projekt überhaupt sinnvoll für das Unternehmen sei und das Unternehmen weiterbringe. Schließlich sei es das Projekt, das zurzeit die höchste Priorität genieße und die meisten Ressourcen binde. Das habe er dem Projektleiter bereits mitgeteilt und diesen gebeten, beim nächsten Meeting genau zu begründen, warum er an den Erfolg der Entwicklung glaube und welche Gründe dagegensprächen.

Dieses Beispiel demonstriert eine Typik von Bauchgefühl beziehungsweise Intuition: Sie stellen sich blitzartig ein, unvermittelt, ohne Vorankündigung und ohne dass exakt herleitbar wäre, woher die Idee rührt. Manchmal erscheinen sie als Geistesblitze, als Gedanken oder Einfälle, manchmal als Gefühl oder Ahnung. In beiden Fällen können wir in dem Moment, in dem sie uns beherrschen, nicht plausibel machen, woher sie kommen und welche Argumente dafür sprechen, ihnen nachzugeben. Der Nobelpreisträger Daniel Kahneman bezeichnet Intuitionen als *„schnell, mühelos und wahrnehmungsähnlich"* (*GEHIRN&GEIST* 7 – 8/2005).

Allerdings liegen diesem spontanen Geschehen komplexe Prozesse zu Grunde. Zu diesen zählt, dass ein Reiz an ein Wissen oder an eine Erfahrung andockt, die im Unbewussten und im Gedächtnis liegen. Dieses Archiv an nicht bewusstem Wissen bringt – ausgelöst durch die aktuelle Situation – die spontane, das heißt: unwillkürliche Reaktion hervor. Wir sprechen dann oft von einer Eingebung. Intuition und Bauchgefühl brauchen Erfahrungswissen. Erfahrung und andere Wissens- und Erkenntnisarten (zum Beispiel Faktenwissen) bereiten den Nährboden für Geistesblitze oder Ahnungen.

Bauchgefühl in Unternehmen? Ja. Die Flure und Büros von Unternehmen betritt das Thema Intuition im Gewand von Forschungen zum impliziten Wissen im Rahmen von Fragen zum Wissensmanagement. Vereinfacht gesagt: Implizites Wissen meint eine Wissensform, die darauf hinweist, dass wir mehr wissen als wir wissen. Wir haben ein sozusagen passives Wissen, das wir nicht in jedem Moment im Zugriff haben. (Ein weiterer Aspekt ist ein Wissen, das wir anwenden, das wir aber nicht oder nur schwerlich artikulieren können. Das können Sie leicht überprüfen, wenn Sie erläutern sollten, nach welchen Regeln der Grammatik Sie sprechen.)

Im Schlepptau der Thematik Wissensmanagement, von Lernen und Gedächtnisbildung betritt das implizite Wissen Unternehmen. Und mit ihm Intuition. Denn Intuition ist eine spezifische Art, Wissen zu mobilisieren,

Urteile und Entscheidungen zu fällen. Intuition gilt als eine *„Fähigkeit, Urteile zu fällen, ohne sich der Informationen, auf denen diese Urteile beruhen, bewusst zu sein"* (Thomas Goschke in: *GEHIRN&GEIST* 7–8/2005). Und da sich Intuition oft als Gefühl einstellt, das sich im Bauchraum bemerkbar macht, kam es zu dem Ausdruck Bauchgefühl. (Nebenbei: Diese Verortung hängt mit dem Darm als dem „zweiten Gehirn" zusammen.) Intuitionen sind nicht einfach Gefühle. Zwar unterliegen die Erfahrungen und das Wissen, das im Gedächtnis gespeichert ist, emotionalen Bewertungen. Im Gegensatz zu Gefühlen sind Intuitionen in einem erheblichen Maß an Lebenserfahrungen, Faktenwissen und sachliche Kompetenzen gebunden. Auf dieser Grundlage bahnen sie psychische und geistige Prozesse und bereiten Urteile, Entscheidungen und Handlungen vor. Im Vergleich zum langsamen Verstand nehmen sie die Autobahn.

Das macht sich besonders in Situationen bemerkbar, in denen wir unter Zeit- oder Entscheidungsdruck stehen. Rahmenbedingungen, die uns rasches Agieren abverlangen, begünstigen, sich durch Intuition leiten zu lassen, weil diese uns schneller handlungsfähig machen als analytische und reflexive Anstrengungen. Außerdem spielen Gemütslage oder Stimmung eine große Rolle dabei, ob Menschen Intuitionen folgen oder Überlegungen vorschalten. In guter Stimmung oder heiterer Laune geben Menschen intuitiven Impulsen eher Raum. Im Nachhinein erweisen sich diese Handlungen sogar oft als die richtigen Entscheidungshinweise. Das Gegenteil ist der Fall, wenn Menschen in eher getrübter Stimmung sind. In gelöster Stimmung, so die Erklärung, werden „vermutlich weiter gespannte Bedeutungsnetze aktiviert, die auch schwache oder entfernte Assoziationen umfassen"(ebd.). Wir sind dann auch kreativer und zuversichtlicher. Wo lauern Risiken für Fehleinschätzungen?

Verlassen wir uns auf Intuitionen und folgen wir ihnen, dann nutzen wir ein Kompendium aus Erfahrungen, Wissen, emotionaler Stimmung und ihren Implikationen. So hilfreich dieser Kompass sein kann – er kann in die Irre führen.

Der Personalchef war bester Laune. Gerade eben war sein Lieblingsvorhaben in der Managementausbildung von der Geschäftsführung abgesegnet worden. In dieser euphorischen Stimmungslage empfing er einen Anwärter auf eine Führungsposition in der Controllingabteilung. Mit von der Partie war der Controllingchef. Der Kandidat hatte den Raum nach dem fast zweistündigen lebhaften Gespräch kaum verlassen, da verkündete der Personalchef: „Du, ich habe bei dem B. ein gutes Gefühl! Scheint ein guter Typ zu sein."
Der Controllingchef blickte ihn mit gerunzelter Stirn an: „Ich überhaupt nicht. Fachlich schon okay. Aber der war für meine Begriffe viel zu enthusiastisch und theoretisch. Von wegen „Controlling als Führungsinstrument", Abteilungschefs „an die Hand nehmen" undsoweiter…"

Die Intuition des Personalchefs (befördert durch Halo-Effekt) definierte das Vorzeichen für weitere Beurteilungen und Wahrnehmungen (dazu auch unten: Pfadabhängigkeit). Die Richtung lag fest, sodass auch weitere Bedenken ihn nicht aus der Bahn warfen. Selbst nach einigem Hin und Her, weiterer Abklärungen und aus einem vermeintlichen Mangel an Alternativen wurde Herr B. eingestellt. Zwar bestätigte Herr B. durch seine Umgangsart und seine Hobbys, „ein guter Typ" zu sein – aber leider stiftete er in den berühmten ersten hundert Tagen mehr Wirbel in der eigenen Abteilung und zwischen den diversen Fachabteilungen im Controlling als er hilfreich war. – Die Intuition des Personalchefs hätte einer kritischen Überprüfung bedurft.

Was, wenn eine kritische Prüfung intuitiver Eingebungen vorgenommen wird – wenn also die Person der eigenen Intuition nicht traut? Was, wenn intuitive Reaktionen etwas anderes empfehlen als der Verstand? Ein charakteristischer Zwiespalt – und ein Dilemma, das zahlreiche Manager kennen:

Der als Koryphäe auf seinem Gebiet geltende Chef der Forschungs- und Entwicklungsabteilung beschrieb sich selbst als sehr direktiv, bezeichnete sich selbst als Kontrollfreak und führte sein Team nach der Devise: Vertrauen ist gut, Kontrolle ist besser. Das wurde zunehmend schwierig, unter anderem, weil sich sein Team im Verlauf des letzten Jahres mit Fluktuation herum-schlug und die Order vom Vorstand lautete, frei werdende Stellen mit jungen Anwärtern zu besetzen, nach Möglichkeit mit Absolventen von Universitäten. Da mindestens ein Teil der Fluktuation seinem Führungsstil zugeschrieben wurde, bot die Unternehmensleitung Abteilungschef ein Einzelcoaching an. Im Zuge der so flankierten Selbstreflexion wurde ihm klar, dass er seinen Führungsstil verändern und mehr Partizipation, Delegation und Vertrauen zulassen musste. Darin fand er, wie er es im Nachhinein formulierte, die Herausforderung seines Berufslebens. Immer wieder ertappte er sich dabei, alles über seinen Tisch laufen zu lassen. Berichte oder Entscheidungen für Vorgehensweisen in Projekten, die seinen Segen nicht hatten, bereiteten ihm gehöriges Unbehagen. Als es dann darum ging, seine in zwei Jahren bevor-stehende Umsiedlung in eine Auslandsniederlassung und damit seine Nach-folge vorzubereiten und Kandidatengespräche zu führen, wählte er bevorzugt Personen in den näheren Kreis der Infragekommenden, die seinen Vorstel-lungen von fachlicher Exzellenz, seinem Kontrollbedürfnis und Führungsver-ständnis entsprachen.

Das war ihm bewusst. Sein Kommentar: „Ich will ja, dass die Abteilung hier auch ohne mich super läuft." Dennoch blieb es dabei: Mit Kandidaten, die seinen Kriterien in puncto Direktivität nicht entsprachen, fühle er sich einfach nicht wohl, gestand er. (Personalabteilung und Coach griffen ihm kompetent unter die Arme.)

In diesem Fall widersprach die Intuition rationalen Abwägungen. Das bloße Wissen half dem Entwicklungschef nicht, sein „ungutes Gefühl" zum Ver-schwinden zu bringen und seinen rationalen Erwägungen zu vertrauen. Psychologen führen diese Art des Zwiespalts auf frühkindliche Erfahrungen zurück, die im Nichtbewussten gespeichert sind. Dort lagern Strategien, die ein Mensch erlernt hat, um sein Leben zu managen. Diese in der Kindheit gemachten Erfahrungen, die erworbenen Taktiken und Strategien sowie ihre wiederholte Anwendung seien für die Hartnäckigkeit verantwortlich. Das gute Gefühl oder das innere Einverstandensein mit einer Entscheidung hänge davon ab, inwiefern unbewusste oder bewusste Bedürfnisse (zum Beispiel Kontrolle auszuüben) mit bewussten Zielen (zum Beispiel Vertrauen zu gewähren) übereinstimmen. Tun sie das nicht, halten wir uns eher an die Intuition – und treffen falsche Entscheidungen.

Intuition oder Bauchgefühl sind dann verlässliche Helfer, wenn wir über vielfältige Erfahrung und fundiertes Wissen, über Kompetenz und Routine auf definierten Gebieten verfügen. Dann können Gefühl und Verstand an einem Seil in eine Richtung ziehen. Deshalb plädieren etwa Malcom Gladwell (*„Blink".* *Die Macht des Moments.* Piper 2007) oder Gerd Gigerenzer (*Bauchentscheidungen.* *Die Intelligenz des Unbewussten und die Macht der Intuition.* Bertelsmann 2007) oder Ernst Pöppel (*Zum Entscheiden geboren.* *Hirnforschung für Manager.* Hanser 2008) dafür, Intuition zu trainieren und in ausgewählten Situationen zu nutzen. Intuitive Entscheidungen, warnen ihre Fans, sind nichts für Anfänger; weil Intuition wissens- und erfahrungsbasiert ist und ihre Zuverlässigkeit daher mit Erfahrung und Wissen wächst.

Es scheint, als sei der erste Impuls ein guter Ratgeber. Oder lieber doch nicht? Wenn man sich anschaut, welche Voraussetzungen dafür gelten, einem intuitiven Impuls nachgeben zu dürfen, dann relativiert sich die Empfehlung durchaus. Denn als im wörtlichen Sinn maßgebliche Voraussetzungen gelten:

Sich selbst sehr gut kennen – die eigenen Stärken und Schwächen, Neigungen und Abneigungen, persönliche Eigenheiten und Haltungen. Die Selbstkenntnis, die in diesem Zusammenhang gefordert ist, überschreitet die Berufsidentität. Sie betrifft die gesamte Persönlichkeit, das Gefühl der Selbstsicherheit und Integrität (Souveränität) ebenso wie Eigenheiten im Umgang mit sich selbst und mit anderen Menschen (soziale Kompetenzen).

Ferner und auf unsere Leitthematik bezogen: Nicht alle Personaler sind Psychologen. (Selbst wenn: Nicht alle Psychologen haben die erforderliche Selbstdistanz, um ihr eigenes Selbstkonzept kritisch zu betrachten). Unter ihnen sind Juristen ebenso zu finden wie Betriebswirtschaftler. Es gibt jedenfalls Personaler, die sich wenig mit ihrer eigenen Persönlichkeit beschäftigen und daher wenig über sich selbst wissen. Es gibt daher selbst unter Personalern solche, denen psychologische Fragestellungen tendenziell als Gefühlsduselei, Hokuspokus oder überflüssiges Geraune erscheinen und als etwas, das in beruflichen Kontexten bestenfalls in homöopathischen Dosen etwas zu suchen hat.

Eine solche Haltung erschwert es, über eigene Erfahrungen und subjektive Strategien nachzudenken, mit deren Hilfe man Herausforderungen bewältigt. Eine solche Haltung verhindert, sich Gedanken darüber zu machen, nach welchen Grundsätzen und Werten man Unternehmen und Menschen führt und beurteilt. Sie behindert außerdem zu reflektieren, wie man Entscheidungen herbeiführt oder sich in der Zusammenarbeit mit anderen verhält. Aufgrund dieses Mangels an Wissen über sich selbst arbeitet der innere Lotse unzuverlässig. Natürlich verfügen auch Menschen, die weniger über sich selbst nachdenken, über erste Impulse, Ahnungen, Eingebungen. Da aber die Intuition kein verlässliches Fundament hat, gibt sie wenig verlässliche Empfehlungen.

Ein Beispiel: Wenn ich von mir weiß, dass ich wenig gesellig bin, dann weiß ich auch, dass ich unwillkürlich ablehnend auf Leute reagiere, die mich ständig einladen wollen. Wenn ich als Personaler von mir weiß, dass mir grundsätzlich eher introvertierte Menschen sympathischer sind als extravertierte, dann weiß ich damit auch, dass ich besonders achtsam sein muss, wenn ein Kandidat der extravertierten Sorte von Menschen zugehört. Weiß ich das aber nicht von mir, riskiere ich Fehlentscheidungen – einfach aufgrund meiner subjektiven Präferenz.

Einen solchen Fall gab es in einem mittelständischen Unternehmen mit etwa 300 Mitarbeitenden. Die Personalchefin, eine resolute Dame Ende dreißig, kommentierte die Ablehnung eines Bewerbers mit den Worten: „Der war mir viel zu arrogant!" In diesem Fall setzte sich der Bereichsleiter durch: Zum einen wies der Kandidat die gesuchten Qualifikationen auf, zum anderen hatte der Bereichsleiter eine andere Intuition und deutete die vermeintliche Arroganz anders. Auf ihn wirkte der Bewerber „erfrischend frech und selbstbewusst", womit er zudem die Hoffnung verband, der Bewerber werde genau deshalb „frischen Wind in den Bereich bringen". Das tat er denn auch, ab und zu „eingefangen" vom Chef, der seine persönliche Vorliebe für aufgeweckte Jungmanager mit dem verbunden hatte, was er im Team brauchte.

Die weitere Voraussetzung für Vertrauen in die eigene Intuition und damit in den ersten Impuls ist Kompetenz als Bündel aus vielfältiger Erfahrung, fundiertem und bewährtem Wissen. Dies gepaart mit der Fokussierung auf die situativ wichtigsten Aspekte macht Intuitionen zuverlässig. Der besagte Fokus sorgt dafür, dass jene Erfahrungen (unbewusst) ausgewählt werden können, die für den aktuellen Anlass die einschneidenden sind. Sie selektieren sozusagen im Hintergrund. Dies zusammen bildet den Nährboden dafür, Intuitionen vertrauen zu können und etwa nach dem Motto zu verfahren: Das, was mir zuerst einfällt, ist unter Zeit- oder Handlungsdruck das Bewährteste und daher das Beste.

Leicht nachvollziehbar wird dieser Gedanke, wenn es um junge Führungskräfte oder junge Personalentscheider geht: Woher sollten sie Erfahrungswissen auf dem Gebiet haben, auf dem sie erst frisch gefordert sind? Die Lücke wird natürlich (unbewusst) gefüllt – mit Erfahrungen aus früheren Lebensphasen und anderen Kontexten, aus der Pfadfindergruppe genauso wie aus dem Studium oder Praktikum. Werden Regeln, Strategien, Wissen und Erfahrungen aus diesen vergangenen Zusammenhängen auf andersartige Kontexte übertragen, haben wir im besten Fall eine tolle Idee, die allerdings nicht passt und woanders realisiert werden muss. Wie es so treffend heißt: Wer den Hammer hat, sieht überall nur Nägel. Oder: Eine super Lösung – nur suchen wir noch das Problem dafür.

Aber selbst wenn alle erforderlichen Voraussetzungen erfüllt scheinen: Achtung! Intuitive Entscheidungen sind fehleranfällig. Menschen tendieren dazu, sich selbst und ihre intuitiven Kompetenzen zu überschätzen und ihren ersten Impulsen zu rasch nachzugeben. Häufig wird das Bauchgefühl durch nur ein einziges Argument als beste Entscheidung gekürt. Dabei gehorchen wir vorzugsweise zwei Regeln, die der Nobelpreisträger für Ökonomie, Herbert Simon, die „Wiedererkennungs-Regel" und die des „Take the best" nennt (Interview in *Psychologie heute* Juni 2003, 33-37).

Plakativ gesagt: Das, was wir kennen, können wir wiedererkennen. Ist es vertraut und hat es sich bewährt, steht die Entscheidung fest. Das Wiedererkennen wirkt als Stoppregel für weiteres Überlegen. Sobald wir meinen, etwas Bekanntes zu entdecken, beginnen wir erst gar nicht, gründlich nachzudenken, oder beenden es sofort und entscheiden. Dies auch dann, wenn zwei Optionen zur Wahl stehen und eine davon bekannt ist: Wähle ich den Kandidaten, der einer mir vertrauten Kultur entstammt, oder den, der aus einer mir fremden Kultur kommt?

Take the best kommt zum Zuge, wenn wir kein Déjà-vu haben und die Wiedererkennungs-Regel nicht anwenden können. In diesem Fall wird eine interne Suche im Gehirn gestartet. Sie fahndet nach dem besten Grund, der zwei Optionen voneinander unterscheidet. Das Resultat bewertet die eine als die bessere: Ist der Kandidat aus der fremden Kultur für die Marketingabteilung besser geeignet, weil er eher als der andere fähig ist, ein Produkt aus unterschiedlichen kulturellen Perspektiven zu betrachten?

Fazit

Intuitionen oder Bauchgefühle sind dann hilfreich, wenn sie auf ausgiebiger Expertise, Erfahrung, Kenntnis, Wissen beruhen und Standardsituationen antreffen. Daher ist jede intuitive Regung in einem neuartigen

Zusammenhang kritisch zu überprüfen. Das Gleiche gilt für Situationen oder Probleme, die anders als erwartet sind – dann nämlich handelt es sich nicht um eine gut bekannte Routine- oder Alltagssituation, sondern um einen unvertrauten Kontext. Und Unvertrautem mit Vertrautem zu begegnen, führt meist ins Desaster.

Pfadabhängigkeit oder Tunnelblick

Die bisher genannten geistig-seelischen Prinzipien und Abläufe sind mit dem, was neuerdings „Pfadabhängigkeit" genannt wird, verwandt: Der einmal eingeschlagene Pfad in Denken, Fühlen und Handeln wird beibehalten und markiert die Leitplanken für alles, was danach kommt. Das Projekt, das nur noch geringe Aussichten auf Erfolg hat, wird weiter verfolgt, „weil wir schon viel Ressourcen reingesteckt haben und ja immer noch die Möglichkeit besteht, zum Zuge zu kommen". Im Alltag sprechen wir von Dickköpfigkeit, Sturheit oder Tunnelblick. Psychologen sprechen von „selektiver Aufmerksamkeit". Deren Richtung wird von der Entscheidung getroffen, die wir in einer Situation getroffen haben. In der Mathematik entscheidet das Vorzeichen vor einer Klammer, wie im Weiteren zu rechnen ist. Genauso wirkt die Pfadabhängigkeit. Der Wirklichkeitsfilter der Aufmerksamkeit lässt nur das hindurch, was zum Vorhandenen passt, und blendet aus, was nicht passt. Er kanalisiert, was das einmal getroffene Urteil, die gefasste Bewertung, die gefällte Entscheidung bestätigt. Diese Bestätigungen kommen durch positive (bestätigende, verstärkende) Rückkopplungen zustande. Das kann eine Weile gut gehen, mündet indes häufig in Ernüchterung und schlimmstenfalls in den Zusammenbruch eines Handlungssystems (Peter Senge, *Die fünfte Disziplin*. Klett Cotta, Stuttgart 2006).

Die Theorie der Pfadabhängigkeit wurde zwar Mitte der 80er-Jahre des vergangenen Jahrhunderts entwickelt, um Wandel und Stabilität von Organisationen im technologischen Umfeld zu erklären (Dievernich, Frank E.P., *Gefangen in der Organisation. Pfadabhängigkeit im Management.* In: *ManagerSeminare*, Heft 120, März 2008, 21–24). Aber der Kern des Modells lässt sich auch auf psychische Vorgänge übertragen. Das in unserem Zusammenhang relevante Schlüsselmoment liegt in der These: Eine Entscheidung, die in der Vergangenheit gefällt wurde, bestimmt die Palette an Möglichkeiten in Gegenwart und Zukunft. Diese Macht von Vergangenem, Gegenwart und Zukunft zu prägen, sprechen wir auch unserer Biografie zu. Sie gilt nachgewiesenermaßen für Prozesse der Aufmerksamkeitsfokussierung und des Urteilens. Wir sind dieser Prägung so lange ausgeliefert, bis wir bewusst gegensteuern.

Erinnern Sie sich an den Fall, in dem der Personalchef den Kandidaten ausschließlich durch die Brille eines „guten Typen" sah. Denken Sie an Ihre individuelle Lebenserfahrung: Vorhandene Kompetenzen, Neigungen oder Vorlieben werden entfaltet, ausgebaut, perfektioniert, indem sie trainiert, neuen Herausforderungen gegenübergestellt, gepflegt und auf diese Weise genährt werden. Pfadabhängigkeit funktioniert, könnte man sagen, nach dem Matthäus-Prinzip: Wer hat, dem wird gegeben. Denn was wir gern tun, tun wir gut und immer wieder und also besser, und was wir gut tun, tun wir gern und immer wieder und also besser. Unser Gehirn verbucht sachlich-faktisch und emotional Erfolgserlebnisse und badet in Glückshormonen, die uns ihrerseits anspornen, noch mehr vom Selben zu tun.

Doch etwas bleibt auf der Strecke: Die Prüfung, ob das Alte: die alte Strategie, die erste Entscheidung für einen Weg, das erste Plädoyer in einem veränderten Kontext noch sinnvoll und zielführend ist.

Die Leiterinnen und Leiter sämtlicher Abteilungen eines Unternehmens mit fast 800 Beschäftigten waren ultimativ angewiesen, drastisch Kosten zu sparen. Diese Order galt über gut vier Jahre. Dann zog das Geschäft in nahezu explosiver Weise an. Da das Management nachvollziehbare Argumente dafür hatte, dass dieser Aufschwung auf strukturelle und daher nachhaltig wirksame Veränderungen auf dem globalen Markt zurückzuführen war, ging es nicht mehr primär ums Sparen. Die Priorität „Kosten sparen" wurde aufgehoben zu Gunsten einer anderen, nämlich „Potenziale entwickeln, Nachwuchs sichern". Nach vier Jahren „Sparen Sparen Sparen" taten sich die

Führungskräfte äußerst schwer, den neuen Pfad einzuschlagen. Die meisten achteten noch immer so sehr auf die Kosten, dass viele Gespräche und Ermahnungen nötig waren, um Kosten für Weiterbildung als Investition zu begreifen und sie dazu zu bewegen, dafür Geld auszugeben.

Ein weiteres Beispiel dafür, wie destruktiv Pfadabhängigkeit wirken kann; dieses Mal in Bezug auf eine Stellenbesetzung.

Der Geschäftsführer eines in der Unterhaltungsbranche tätigen Unternehmens wurde von der ausländischen Muttergesellschaft aufgefordert, einen Stellvertreter zu installieren. Der von der Muttergesellschaft engagierte Berater brachte insgesamt vier Persönlichkeiten, die bereits Gespräche mit dem Personalchef und ausgewählten Mitgliedern der Unternehmensleitung in der Mutterfirma geführt hatten und als „sehr geeignet" beim Geschäftsführer angepriesen wurden. Der allerdings lehnte alle ab. Sie seien ihm „zu jung" oder „zu lahm" oder würden „nicht zu ihm passen". Er hatte eine andere Vorstellung, und zwar, wie er dem Berater kundtat, von Anfang an: „Ich will keine Fremden hier. Ich will jemanden, der Stallgeruch hat. Basta." Er bot an, einen seiner engsten Mitarbeiter zu seinem Stellvertreter zu befördern. Als diese Präferenz die Runde machte (sowohl im Tochter- als auch im Mutterunternehmen), zog ein leidvolles Seufzen durch die Flure. Denn der Auserkorene galt vor allem als eines: treu, ergeben, opportunistisch. Die Präferenz des Geschäftsführers war insbesondere deshalb heikel, weil das Unternehmen dringend seine Marktperformance verbessern musste, vordringlich durch neue Produkte und Services. Der „dickköpfige" Geschäftsführer repräsentierte das Bestehende, das er als „mein Baby" bezeichnete. Der Tenor seiner einmal getroffenen Entscheidung lautete: Ich will, dass mein Baby weiterhin wächst und gedeiht – und das geht am besten, wenn wir uns auf das konzentrieren, was wir sehr gut können. – Genau dieser Pfad mit dem Fokus auf best practice war das Problem. Die Mutter ließ ihn (wider besseres Wissen) gewähren. Bedauerlich. Denn im Verlauf der nächsten zweieinhalb Jahre musste knapp ein Viertel der Beschäftigten das Unternehmen verlassen. Erst dann begann die Diskussion, doch den Geschäftsführer „woanders hinzupacken".

Pfadabhängigkeit ist eine Falle. Umgehen können wir sie, indem wir uns bewusst machen, wann wir dem Tunnelblick erliegen. In Unternehmen sind zwar stets alle Mitglieder dazu aufgefordert. Aber funktional und professionell besonders Personaler.

1.3 Die Extravertierten sind kompetente Kommunikatoren

Nehmen wir an, Sie interviewen einen jungen Kandidaten für eine Führungsposition. Auf Ihre Frage danach, wie er sich seinen Einstieg in das Team, das er leiten soll, vorstellt, antwortet er: „Na, ich würde zuerst einmal alle zusammenrufen. Und dann würde ich erzählen, wie ich mir die Zusammenarbeit vorstelle. Viel Wert würde ich darauf legen, herauszustellen, was mir wichtig ist. Also zum Beispiel, dass ich mich als Teil des Teams betrachte; dass ich jede Meinung wichtignehme, dass ich immer eine offene Tür habe. Und dass mir daran liegt, alle einzubinden, ein Wir-Gefühl zu entwickeln,

dass wir alle an einem Strang ziehen und zusammen super Leistung bringen. Und dass wir Spaß miteinander haben. " Nach der Freizeitgestaltung gefragt, notieren Sie: Er sei gern und viel im Netz unterwegs, habe ein Blog, sei auf sozialen Plattformen aktiv, organisiere gern mit Freunden Städtereisen, Bergtouren und lustige Kneipenabende.

Ein zweiter Kandidat erwidert auf Ihre erste Frage: „Hm, ich würde klären, wann das gesamte Team für etwa eine Stunde zusammenkommen könnte. Dort würde ich mich erst einmal den Fragen der Teammitglieder stellen. Vielleicht könnten wir dann schon ausmachen, mit wem ich mich anschließend in Einzel- oder Zweiergesprächen treffen könnte. Mir wäre in der ersten Zeit daran gelegen, erst einmal aufzunehmen, also zu hören, was die Leute beschäftigt, wie sie arbeiten und so weiter und was sie von mir erwarten, welche Rolle ich spielen könnte als Teamleiter. Das würde ich als Basis nehmen, um mir zu überlegen, wie ich agieren werde. " Nach der Freizeitgestaltung gefragt, notieren Sie: Lesen von Literatur, die zum Nachdenken anregt und persönlich weiterbringt; Naturausflüge und Unternehmungen mit Menschen aus dem engsten Kreis.

Hand aufs Herz: Wer erscheint Ihnen sympathischer? Wen würden Sie einstellen? Und wieso?

Dieses kleine Experiment bringt typischerweise folgende Kommentare.

Kandidat eins wird genommen, weil er „offen, rede- und kontaktfreudig, gesellig ist", weil er „Schwung hat und unternehmenslustig ist" und gleichzeitig darauf achtet, dass „das soziale Miteinander gut funktioniert", ferner weil er „sich um die Belange anderer kümmert, sich ihrer annimmt, sich flexibel anpasst, darauf achtet, dass alle im Zug mitkommen" und „trotzdem weiß, was er erreichen will". Er ist „smart und selbstsicher", „erfrischend extravertiert", „geht aktiv auf andere zu", er wird „Grip auf die Straße bringen" (ähnlich einem Autoreifen mit gutem Profil), wird „das Team mitziehen" und „mit Humor" führen. Mit ihm „kriegen wir einen jungen dynamischen Manager an Bord, der beliebt sein wird. Er ist kommunikativ und kann sich durch seine soziale Art durchsetzen."

Zum zweiten Kandidaten heißt es typischerweise: „Der eignet sich nicht als Führungskraft. Viel zu ruhig, ohne Temperament" und könne daher „andere nicht mitreißen", hätte deshalb „vermutlich nicht den Schwung, das Team auf der Erfolgsstraße zu halten". Er sei eher „verklemmt", „traut sich kaum, länger zu reden", habe „wahrscheinlich wenig Selbstvertrauen und geringes Selbstbewusstsein". Ferner wird bezweifelt, dass er „Durchhaltevermögen hat, wenn es mal Probleme gibt, weil er nicht auf andere zugeht", er neige zum „Eigenbrötlertum" und „tut sich schwer, auf andere wirklich einzugehen", außerdem „wirkt er ein bisschen arrogant".

Die folgende Episode gehört derselben Kategorie von Schwarz-weiß-Malerei an:

Personalerin und Bereichsleiter diskutieren die Frage, welcher von zwei Kandidaten sich für die neu gegründete Abteilung eher eignet. Die Abteilung ist als Anlauf- und Verbindungsstelle für übergreifende Projekte konzipiert. Ihr gehören ehemalige Mitarbeitende aus den Abteilungen Forschung und Entwicklung, Vertrieb und Marketing, Qualitätsmanagement an. Die Erstgespräche liegen erst einige Stunden zurück.

Personalerin und Manager sind sich einig darin, dass Kandidat E. „sehr offen", „schwungvoll", „menschenorientiert und zugewandt" ferner „temperamentvoll, begeisterungsfähig und entscheidungsfreudig" wirkt, sodass „er etwas bewegen" und seine Ideen „mit Charme oder Überredungskunst und Netzwerken" durchsetzen werde. Demgegenüber schneidet Kandidat I. anders ab: Er habe „nicht gerade viel gesagt", habe „irgendwie verdruckst" gewirkt – man wisse gar nicht, „wie er die Erfolge, die in seinen Unterlagen dokumentiert sind, überhaupt schaffen konnte". Kandidat E. eigne sich bestimmt besser. Er halte „sein Ohr am Puls der Leute", sei „prima vernetzt" und „bestrebt, soziale Kontakte auszubauen", lege Wert darauf, „mit al-

len gut klarzukommen". Folglich werde er seine „kommunikativen Kompetenzen voll einsetzen, um mit allen im Gespräch zu bleiben, zu vermitteln und abzustimmen". Außerdem wirke er so, dass er „bestimmt nicht leicht zu frustrieren ist, wenn mal etwas schief läuft", denn „durch seine offene und gewinnende Art findet er sicher schnell Hilfe bei anderen" oder wisse „schnell, an wen er sich wenden kann", um weiterzukommen. Kandidat I. trauten beide Personalentscheider nicht zu, „sich durchzusetzen", „andere gewinnen und mitreißen" zu können, zumal von ihm „eher Langeweile" ausgehe, er strahle „überhaupt keinen Elan" aus und könne gewiss nicht „enthusiastisch sein, um herausfordernde Ziele zu verfolgen". Ferner wirke er „maulfaul"; dem müsse man „vermutlich alles aus der Nase ziehen". Bei ihm wisse man gar nicht, „was in seinem Kopf" vorgehe"; er sei wohl auch wenig initiativ: „Von allein geht der bestimmt nicht zu Leuten, um sich aktiv mit denen abzustimmen oder Angelegenheit zu klären." Während dem Kandidaten E. attestiert wurde, „konflikt- und kritikfähig" zu sein und „das offene Gespräch zu suchen, um Streitpunkte auf den Tisch zu bringen", unterstellten sie Kandidat I., er nähme „reißaus! Wahrscheinlich knickt er bei Problemen und Reibereien schnell ein."

Beide Szenen dokumentieren, mit welchen Stereotypen (auch) Personalentscheider arbeiten. Daran sind Psychologen nicht unschuldig. Sie teilen Menschen grundlegend in zwei große Klassen: die Extrovertierten und die Introvertierten. Stereotypen oder Klischees sind mit Inhalten gefüllte Vorstellungsbündel, die bei Personalentscheidungen gewichtige Auswirkungen haben. Es lohnt sich folglich, Introvertierte und Extravertierte als Typen und mit dem Fokus auf kommunikative Kompetenz in groben Strichen zu skizzieren.

Die mit dem Schweizer Psychologen Carl Gustav Jung eingeführte systematische Unterscheidung in extra- und introvertierte Menschen ist in den Alltag durchgesickert. Der Unterschied spielt auf eine Grundausrichtung im Leben an, die sich in Denken, Fühlen und Handeln äußert und an der gesamten Lebensorganisation und Lebensweise abzulesen ist. Selbstverständlich unterscheiden sich Extra- und Introvertierte auch sehr in der Art, wie sie sich beruflich verstehen und agieren. Neben auffälligen Unterschieden darin, wie sie sich in Gesellschaft geben, haben sie auch verschiedene Strategien, Ziele zu verfolgen.

Der extravertierte, nach außen gerichtete Typus orientiert sich primär an äußeren Geschehnissen, an Erwartungen und Normen anderer. Er braucht andere Menschen, um sich wohl und sicher zu fühlen. Er ist angewiesen auf das Feedback, das er von ihnen erhält. Seine Bemühungen gehören zwei Strategien an: Empathie und Selbstdarstellung.

Zunächst zur Empathie, dem Mitfühlen, der Anteilnahme. Da Extravertierte andere Menschen, soziale Kontakte, geselliges Dazugehören benötigen, strengen sie sich sehr an, Bestätigung, Lob oder Anerkennung von ihnen zu erhalten. Aus diesem Grund gehen sie aktiv auf andere Menschen zu. Sie richten sich in ihrem Verhalten sehr nach dem, was andere von ihnen erwarten oder sich wünschen, beziehungsweise nach dem, was sie selbst meinen, das andere von ihnen erwarten. Ziel ist: positive Rückmeldung zu erhalten. Insofern erscheinen sie zuweilen als Fähnlein im Wind. Denn um des Friedens und des Lobes willen sind sie durchaus beweglich in ihren Ansichten. Sie versuchen, die Wünsche anderer zu erkennen, zu erfahren und zu erfüllen. Können sie sich nicht gewiss sein, das zu wissen, nehmen sie ihre eigene Vorstellung als Richtschnur. Sie vermuten, was der andere von ihnen will, und behandeln diese Vermutung, als träfe sie den Punkt, als sei sie wahr. Psychologen sprechen von Antizipation, dem Vorwegnehmen einer angenommenen Erwartung.

„Schau mir in die Augen, Kleines – damit ich erkennen kann, was du möchtest." Diese Taktik beherrschen kleine Kinder hervorragend. Auch im Beruf ist diese Strategie der Anpassung und Einfühlung zu finden. Etwa der Mitarbeiter, der stets darauf achtet, in welcher Gemütslage die Chefin das Büro betritt, um seine Verhaltensweisen der Gemütslage anzupassen. Oder der Chef, der seiner Gruppe ausschließlich dann von unerfreulichen

Unternehmensentwicklungen erzählt, wenn er meint, seine Mitarbeiter ließen sich nicht umhauen oder irritieren.

Extravertierte erleben wir keineswegs als Mauerblümchen, die darauf warten, angesprochen zu werden. Im Gegenteil. Viele von ihnen sind äußerst aktiv, rege, temperamentvoll, voller Schwung und als Macher bekannt. Zuweilen fallen sie durch Verhaltensweisen auf, die nicht immer goutiert werden. Sie erscheinen als Selbstdarsteller, als Menschen mit enormem Geltungsdrang, als Personen, die alles Mögliche anstellen würden, um bemerkt zu werden. Extravertierte brauchen das Publikum – freilich ein wohlgesonnenes. Extravertierte benötigen für all das kommunikative Fertigkeiten; denn Kommunikation ist das Medium ihres Wirkens und Lohns.

Beides, Empathie und Selbstdarstellung, sind Mittel zum Zweck von Selbstvertrauen, Zugehörigkeit, dem Gefühl der eigenen Bedeutung. Ohne soziales Netz fühlen sich Extravertierte verloren, und jedes Engagement erscheint sinnlos. Das Angewiesensein auf den Zuspruch von anderen Menschen ist einerseits eine Stärke; denn um Zuwendung zu erhalten und beruflich erfolgreich zu sein, aktivieren sie ihre kommunikativen und empathischen, ihre sozialen und emotionalen Kompetenzen. Das Gewinnende an vorzugsweise extravertierten Menschen ist, wie sehr sie sich darum bemühen, Kontakt zu finden und zu erhalten. Das geschieht vor allem verbal, mit Worten. Sie tragen ihr Herz ins Wort, erscheinen offen wie ein Buch und stürmen vor. Genau das kann ins Gegenteil umschlagen, in einen Nachteil oder ein Risiko. Die Stärke wandelt sich dann in eine Schwäche. Denn bleibt die Anerkennung aus – dann ist es mit Elan, Frische, Heiterkeit, guter Laune, vitaler Netzwerktätigkeit und Aktivität des Extravertierten vorbei. Er fällt in ein tiefes, dunkles Loch. Einsamkeit. Extravertierte ernähren sich von der Teilhabe an sozialen Kreisen und Zuwendung. Sie sind maßgeblich von außen, also fremdbestimmt. Nachteilig wirkt sich das in beruflichen Situationen dann aus, wenn die Zeiten schwierig sind und unterschiedliche Richtungen eingeschlagen werden können beziehungsweise verschiedene Varianten kursieren. Wonach sich richten? Sich welchem Strom anpassen?

Wo die wenigsten Blessuren erleiden, die wenigsten Federn lassen? Da Extravertierte charakteristischerweise erst einmal eine Umfrage starten, bevor sie sich eine eigene Meinung bilden und eine Entscheidung treffen, irren sie in ungewissen Zeiten eine Weile orientierungslos umher. Insofern ist durchaus zu fragen, wo, wann, in welchen Kontexten Personalentscheider dominant extravertiert ausgerichtete Menschen in Führungspositionen hieven sollten.

Als Anmerkung: Extraversion als Grundausrichtung im Leben dominiert in der westlichen Kultur. Begriffe, die das verdeutlichen, sind: Transparenz, Offenheit, Initiative, Begeisterungsfähigkeit. Verkörpert finden sich diese Begriffe und damit verbundene Aktivitäten etwa in sozialen Plattformen und anderen Foren im Internet, in Reality Shows und anderen Formaten im Fernsehen. Die Grundlogik von Web 2.0 bedient ebenfalls diese Normen; besonders die Sehnsucht nach Teilhabe und danach, „gesehen" oder bemerkt zu werden, zugehörig zu sein und sich selbst darzustellen. Unternehmen als Teil dieser gesellschaftlichen Kultur belohnen eher diejenigen, die „sich selbst gut verkaufen" können. Profis im Impression Management kommen eher zum Zuge – nicht zuletzt, weil der Glaube verbreitet ist, dass Extraversion zwangsläufig einhergeht mit kompetentem Kommunikationsstil und anderen erwünschten Eigenschaften bis hin zu geistiger Gewandtheit (siehe: Halo-Effekt, Pars pro toto, Ähnlichkeit, Pfadabhängigkeit). Weit gefehlt!

Da Kommunizieren-Können heute als A und O in Unternehmen gilt, sei betont: Extravertierte mit Temperament neigen dazu, den anderen rhetorisch zu überfahren. Verbreitet ist die Auffassung – auch unter Personalentscheidern – kommunikativ sei jemand, der redefreudig ist, der ohne Ähs und Ähems in Worte kleiden kann, was er sagen will. Kompetentes Kommunizieren – das wird häufig ausgeblendet – ist weder identisch mit flüssiger Rede noch bezeichnet sie eine Einbahnstraße, in der eine Person redet. Kompetentes Kommunizieren ist eine Straße, die zwei Wege zueinander führt: Senden und Empfangen, Sprechen und Hinhören. Sprechen lassen und Aufnehmen, ein geduldiges Schweigen und ungeteilte Aufmerksamkeit fallen dem Extravertierten eher schwer (mit der Folge, dass er zwar als Gesellschafter oder Clown gern gesehen ist, aber weniger als Kollege oder Chef). Extravertierte sind allerdings häufig flüssige, vielwortige Redner – schließlich sind sie jahrelang darin geübt, ihr Überleben mit Hilfe von Worten zu organisieren und die eigene Persönlichkeit mit Worten zu inszenieren. Bei allem Charme: Eloquenz genügt nicht, um eine Führungsposition qualifiziert zu besetzen.

In einem Unternehmen aus der Spielzeugbranche war es zu Umstrukturierungen gekommen, die auch personelle Veränderungen zur Folge hatten. Die neuen Positionen sollten intern besetzt werden. Die Auswahl an geeigneten Personen für einen Leitungsposten mit übergeordneter Verantwortung war karg. Der Geschäftsführer entschied sich für einen Kandidaten, „weil der sonst abspringt. Ich weiß, dass seine Beförderung einen Zwergenaufstand gibt. Der Kandidat polarisiert und hat entweder Feinde oder Freunde. Er verwendet viel Energie auf Selbstdarstellung, und zwar laut und deutlich, damit auch der letzte müde Zeitgenosse noch seine Super- Leistungen mitkriegt. Aber ich muss es tun – das Loch, das der aufreißen würde, könnte ich nicht schließen. Seine Vernetzung mit Kunden ist unersetzlich." – Der Zwergenaufstand kam tatsächlich. Die Begründung: Der Kandidat sei „Egomane", „quatsche viel und vor allem viel Blödsinn", sei „aktionistisch und hänge seine Fahne nach dem Wind der Mächtigen" und dergleichen mehr. Die anderen, die „Freunde", jubilierten: „Endlich mal einer am Ruder, der sich um Kundenbeziehungen kümmert!", wenn der Chef „fachlich nicht immer auf der Höhe" sei, dann „ist das ja klar – ein Chef hat dafür ja Mitarbeiter!" Die Polarisierung währte über gut dreieinhalb Jahre – dann verließ der Manager das Unternehmen.

Die Vorzüge von Extravertierten, als „sehr kommunikativ", „gute Netzwerker" und „kompetente Kommunikatoren" zu gelten, kommt auf der anderen Seite der Skala, insbesondere bei dominant Introvertierten, anders an. Dort gelten sie eher als „Dampfplauderer", „Blasenproduzenten" oder

„Heißbläser", als „Nervensägen" und als „Hohles-Zeug-Schwafler" oder „Blender". Bei Introvertierten steht selten das Soziale im Mittelpunkt – sie sind sachlicher und kritischer.

In der Psychologie wird der introvertierte Typus mit einer nach innen gerichteten Orientierung beschrieben. Er lebt vor allem in seinen Gedanken. Bezogen auf die kommunikative Performance erscheint der Introvertierte eher wortkarg: Bevor er etwas sagt, überlegt er gründlich und formuliert es nur dann, wenn er von der Substanz und vom informativen Wert überzeugt ist. Während der Extravertierte während des Redens denkt, schiebt der Introvertierte dem Reden ein langes Nachdenken vor und schweigt im Zweifel lieber. Die Metapher für den introvertierten Typus ist deshalb das geschlossene Buch oder das Buch mit sieben Siegeln. Zwei für Unternehmen folgenreiche Komponenten sind: Der Introvertierte hält sich beim Denken länger auf, weil er sich auf das verlassen können will, was er schlussfolgert. Da ihm andere Menschen und das Soziale („soziales Brimborium") fern liegen, konsultiert er in erster Linie Sachmedien (Fachblätter, Bücher etc.) statt Menschen, um Empfehlungen zu erarbeiten und abzugeben oder ein Projekt zu entwerfen. Zwar erscheint er in sozialen Interaktionen distanziert – das ist aber keinesfalls gleichzusetzen mit einer Ist-mir-egal-Haltung. Vielmehr lauscht er aufmerksam, filtert Informationen und kombiniert sie in seinem Hirn. Typischerweise gibt es zwei Anlässe, die ihn kommunikativ beleben: Er verteidigt eine Idee oder ein Vorhaben gegen Widerstand. In diesem Fall erleben die anderen durchaus einen Realitätsschock und staunen: „Der kann ja wirklich fünf Sätze hintereinander und das auch noch mit Verve sagen!" Ein anderer Anlass für längere Ausführungen ist, wenn er meint, in einer Runde sei genug „Unfug" geredet worden – er müsse hier erst einmal einiges klarstellen, und dies dann mit beeindruckender intellektueller Schärfe tut. Das beleuchtet einen weiteren Aspekt: Der introvertierte Typus bezieht eindeutig Position und verlässt sie erst dann, wenn unwiderlegbare Argumente ihn überzeugen können. Auf ihn ist Verlass; er wird auch als Fels in der Brandung beschrieben – während Extravertierte als opportunistisch gelten, als Fähnlein im Wind oder Chamäleon.

Die aufgeführten Stärken des introvertierten Typus können selbstverständlich in Schwächen umschlagen, wenn der Kontext flexibles Agieren und Improvisieren, rasches Kontaktieren, vielfältiges Abstimmen mit anderen und – für die Motivation – ein Klima erfordert, in dem Begeisterung oder Aufbruchstimmung das Gefühls- und Aktivitätsniveau hochhalten.

Personalentscheider erliegen häufig der Illusion, ein dominant extravertierter Anwärter sei prinzipiell der geeignete Kandidat für eine Führungsposition. Dies schon deshalb, weil er sowohl verbal als auch durch seine Beziehungsausrichtung beeindruckt. Das ist sicher eine Fehleinschätzung. Sie sollten mehr auf den Kontext achten, in dem der Kandidat in einer definierten Rolle mit definierter Verantwortung agieren wird – und dabei stark in Rechnung stellen, dass Reden keine Ziele realisiert. Zudem sei nochmals gewarnt: Extravertierte sind nicht zwangsläufig gute oder die besseren Kommunikatoren – und selbst wenn: sie können, gerade weil sie dem Primat des Kommunizierens folgen, des „Guten" zuviel tun – und dann wird es kontraproduktiv. Dominant introvertierte Menschen mögen Personalentscheidern unähnlicher sein als dominant Extravertierte. Von den Stärken, die in Führungspositionen vermehrt benötigt werden, kann der Introvertierte allerdings besonders wichtige beitragen. Zum einen dadurch, dass er primär sachlich orientiert ist und für ihn Fakten und andere Informationen eine größere Rolle spielen als bei Extravertierten. Zum zweiten, deshalb, weil auf ihn häufig zutrifft: „Stille Wasser sind tief." Dazu eine Stimme aus der Praxis: Auf die Frage danach, welche Verhaltensweisen in interkulturellen Teams speziell bedeutsam sind, antwortet Inga Beal, Global Chief Underwriting Officer bei der Zurich Financial Group in Zürich: „Es geht vor allem darum, den ehrlichen, echten Willen zu haben, anderen und vor allem anders Denkenden zuzuhören und auf sie einzugehen. Sehr oft kann eine sehr ruhige, introvertierte Person die tollsten Ideen haben..."

Personalentscheider sind aufgerufen, Klischees zu verlassen und Potenzialaussagen nicht mehr im Horizont von Stereotypen und Vorurteilen zu formulieren. Sie sollten Eindrücke nicht generalisieren, eigene Erfahrungen nicht unbesehen extrapolieren, sondern bei jedem Kandidaten die Person und das Umfeld möglichst wenig voreingenommen überprüfen – einschließlich eigener Präferenzen und deren Konsequenzen in Beurteilung und Entscheidung.

1.4 Die fachlich Guten haben Führungsqualitäten

Der Bereichsleiter eines Unternehmens aus der Technikbranche hatte ein Problem: Weil der Chef des strategischen Einkaufs überraschend das Unternehmen verließ, brauchte er einen Nachfolger. Er wollte die Position intern mit Herrn A. besetzen. Seine Begründung: Herr A. sei ein absolut hervorragender Fachmann; er werde über das Unternehmen hinaus als Ratgeber geschätzt und als einer der besten in der Branche gehandelt. Er (der Bereichsleiter) habe sich die ganzen Jahre völlig auf ihn verlassen können und Herr A. liefere ausnahmslos überdurchschnittlich gute Leistungen. Außerdem sei er ehrgeizig – er wolle immer der Beste sein und perfekte Arbeit liefern. Zwar

habe er bisher vor allem als Experte gearbeitet und kaum Führungserfahrung – aber das sei ja lernbar. Das kriege Herr A. schon hin. Und außerdem – der A. verdiene es jetzt einfach, befördert zu werden!

Gesagt – getan. Herr A. wurde Chef des strategischen Einkaufs. Nach einigen Monaten trug der Flurfunk zunehmend kritische Stimmen ins Büro des Bereichsleiters. Der wartete erst einmal ab, weil er überzeugt war, das lege sich schon wieder. Tat es aber nicht. Nachdem er das Rumoren nicht mehr ignorieren konnte, holte er sich den informellen Leader der Abteilung und fragte ihn, was los sei. Dieser antwortete: Herr A. sei schon ein prima Experte – das wüsste ja jeder. Aber er führe schlecht. Er kontrolliere zu viel, nörgele an Kleinigkeiten herum, sei in der Kommunikation von Kritik recht ruppig, kümmere sich nicht um die Befindlichkeiten im Team und lehne es ab, bei Streitereien zu vermitteln: „Wir sind ja nicht im Kindergarten!" Die Motivation und Freude im Team nehme spürbar ab, die Fehleranfälligkeit steige und immer öfter sei zu hören: „Was soll ich mich reinhängen?! Der A. kommt ja sowieso und haut wieder dazwischen!"

Die Praxis, Experten mit herausragenden Leistungen in eine Führungsfunktion zu schieben, ist bekanntlich weit verbreitet. Die fachlich Herausragenden zu befördern, erscheint als sicherer Weg zu ebenso herausragenden Beiträgen zum Unternehmenserfolg. Schließlich – so eine typische Argumentation – komme es in erster Linie darauf an, substanzielle Beiträge zu den Unternehmenszielen zu leisten, und dazu bräuchte es (ideal: überdurchschnittliche) Fachkompetenz. Handelt es sich um interne Versetzungen, wird zudem mit dem „Stallgeruch" argumentiert: Die Internen kennen die Kultur, wissen, „wie es hier so läuft" – und kennen damit auch informelle Kanäle, mikropolitische Spielchen und Fallstricke. Dieses zu wissen, wird betont, sei ein Vorteil; denn dann müsse sich der oder die Neue nicht erst noch eingewöhnen und Zeit und Energie damit verplempern. Führungsvermögen sei sekundär und man lerne es ohnehin – wie Kindererziehung auch – on the job.

Personaler sehen und hören das nicht gern, weil sie sozialen Kompetenzen große Bedeutung zumessen und die katastrophalen Folgen, die Führungsfehler anrichten, in ihrer Entwicklungs- oder Coachingabteilung ausbügeln sollen. Allerdings weichen dennoch viele respektvoll oder resigniert zurück, wenn ein angesehener Manager seine Wahl zuqunsten fachlicher Qualifikation trifft.

Führen on the job lernen – gewiss kann man das, und es passiert natürlich auch. Nur kann der Preis sehr hoch sein. Und zwar für alle Seiten. Verfolgen wir den eingangs erwähnten Fall weiter:

Der Bereichsleiter bat auch Herrn A. zu einem Gespräch und fragte ihn, wie es ihm in der Abteilung und in seiner neuen Funktion gehe. Herr A. war durchaus selbstkritisch. Fachlich laufe eigentlich alles ganz gut. Allerdings würde er schon bemerken, dass einige Leute im Team unzufrieden seien. Darum habe er sich aber nicht gekümmert, weil er seinen Fokus auf die Sache lege. Schließlich verdiene das Unternehmen nicht dadurch Geld, indem es auf Befindlichkeiten von Menschen eingehe, sondern dadurch, dass in der Sache etwas passiere. Und der strategische Einkauf sei eine Schlüsselfunktion im Betrieb. Natürlich wisse er, dass Führung nicht gerade seine Stärke sei – aber mit der Zeit werde er sich da schon hineinfinden.

Der Bereichsleiter hakte nach und fragte, was er an der Führungsaufgabe besonders schätze. Die Antwort ließ ihn aufmerken: Vor allem, dass er jetzt seine Vorstellungen durchsetzen könne und nicht mehr darauf angewiesen sei, Entscheidungen von einem Vorgesetzten absegnen zu lassen. Das habe ihn zuweilen schon genervt, denn dass er ein ausgewiesener Experte sei – das sei nun wirklich nicht fraglich, sodass er eine solche Absegnung als lästig und entmündigend empfunden habe.

Was er, fragte der Bereichsleiter weiter, nun mit der Unzufriedenheit im Team anfangen wolle. Eigentlich nicht viel, antwortete Herr A. und fügte hinzu, dass sich das schon legen werde. Die Leute würden sich schon noch

an ihn gewöhnen, und außerdem sei man ja wohl nicht im Kindergarten,
sondern unter erwachsenen Menschen, die schlicht und ergreifend unterneh-
merische Ziele erreichen sollen.

Die Frage, die sich der Bereichsleiter an dieser Stelle spätestens stellen
muss, lautet: Droht Herr A. fruchtbaren Ackerboden zu verbrennen? Besteht das Risiko, dass der Teich austrocknet oder die gesunden Fische darin
erkranken? Das Dilemma, in dem der Bereichsleiter steckt, ist dies: Wenn
er Herrn A., der offenkundig keinen Ehrgeiz hat, seine Mitarbeiterführung
zu verbessern, als Chef der Abteilung behält, droht ihm, dass das Team in
seinem Leistungsniveau abfällt und Mitarbeiter die Firma wechseln. Denkt
er daran, Herrn A. „zurück ins Glied" zu versetzen, riskiert er, einen brillanten Fachmann zu demotivieren oder gar ganz zu verlieren; denn Herr A.
hat unzweideutig erklärt, dass er die Entscheidungsmacht in seiner neuen
Funktion mehr als schätzt. Die Beförderung eines hervorragenden Fach-
manns in eine Führungsposition ist übrigens im Vertrieb sehr verbreitet.
Der „Super-Verkäufer" wird damit belohnt, dass er Verkaufsleiter wird.
Eine Entscheidung, die sich häufig als Fehlentscheidung erweist. Denn der
„Super-Verkäufer" kann eben genau dies außerordentlich gut: Verkaufen.
Diese Tätigkeit erfordert völlig andere Talente, Einstellungs- und Verhal-
tensweisen als die Führung von Mitarbeitenden.

Personal- und Organisationsentwicklung sind besonders gefordert, Führungskräften solche Situationen zu ersparen oder dafür zu sorgen, dass
es Wege aus der Sackgasse gibt. In den letzten Jahren werden zwar Alternativen zur vertikalen Karriere diskutiert und hier und da realisiert,
etwa Projektkarrieren oder hoch aufgehängte Stabsstellen. So etwas erfordert aber einen grundlegenden Paradigmenwechsel. Es genügt nicht,
wenn Mitglieder des Unternehmens um solche Alternativen wissen und die
Möglichkeiten angeboten werden wie Freibier. Die Alternativen müssen so
verankert werden, dass der Karrieresprung zwar zur Seite und nicht in die
Höhe führt. Gleichzeitig muss deutlich und erfahrbar werden, dass er, der
Sprung, dennoch glaubwürdig ist, dass er höhere Bedeutung, Prestige und

positive Statusveränderung mit sich bringt. Genau daran hapert es erheblich. Aus diesem Grund greifen sowohl Führungskräfte als auch betroffene Mitarbeiter noch immer in erster Linie darauf zurück, eine Beförderung nur in eine Richtung zu sehen: nach oben.

Falls Sie erfahren möchten, wie es in dem oben beschriebenen Fall weiterging: Im Verlauf der nächsten zweieinhalb Jahre (!) wurden immer wieder Gespräche in wechselnder personeller Zusammensetzung geführt: Bereichsleiter und Herr A.; die beiden mit der Personalchefin; Personalchefin allein mit Herrn A.; Bereichsleiter bzw. Personalchefin mit dem Team ohne und mit Herrn A. Schließlich gab es keinen Ausweg mehr: Tragende Säulen aus dem Team drohten damit, das Unternehmen zu verlassen; die Performance von einzelnen und der Gruppe nahm messbar ab, die Unzufriedenheit zu – und diese hatte begonnen, ihre Kreise auch außerhalb der Abteilung zu ziehen. Herr A. sah ein, dass die Bedingungen, perfekte Arbeit zu leisten, nicht mehr gegeben waren, und so einigten sich Bereichsleiter und er auf eine gütliche Trennung. Herr A. wechselte zu einem Konkurrenzunternehmen.

Das Beispiel zeigt eine intern veranlasste Fehlbesetzung par excellence. Fachliche Koryphäen tragen Erhebliches zum Unternehmenserfolg bei – allerdings nicht zwangsläufig in Führungspositionen!

1.5 Tests machen sichere Aussagen

„Selbstverständlich arbeiten wir mit Persönlichkeitstests. Meistens sieben die schon mal die Kandidaten aus, die gar nicht erst ins Assessment kommen."
– Originalton einer Personalchefin.

Es wäre vermessen, sämtliche auf dem Markt befindliche und von Personalabteilungen genutzte Persönlichkeitstests aufzählen zu wollen. Es gibt zu viele. Allerdings gibt es auch besonders populäre und häufig genutzte. Ihnen gemeinsam ist die Behauptung, Wesentliches über die Persönlichkeit herausbringen zu können. Lassen wir das grafologische und astrologische

Gutachterwesen einmal beiseite und beschränken uns auf die Favoriten in psychologischen Testverfahren: Motivation: Wodurch lässt sich eine Person motivieren? (zum Beispiel Reiss-Profile). Präferenzen im Verhalten: Nach welchen Vorlieben verhält sich eine Person charakteristischerweise? (zum Beispiel DISG, Insights, MBTI). Denktypus: Wie geht eine Person denkerisch, rational oder verstandesgemäß vor, um Aufgaben zu behandeln? (zum Beispiel HBDI). Als Geheimtipp wird das Bochumer Inventar zur berufsbezogenen Persönlichkeitsbeschreibung (BIP) gehandelt. Es wurde 2003 von Rüdiger Hossiep & M. Paschen entwickelt und genießt – seit 2005 durch eine Studie der ETH Zürich protegiert – den Ruf, als psychometrischer Test wissenschaftlich besonders gut validiert zu sein (Schmid, Sandra, *Stellungnahme Persönlichkeitstests – Ein personaldiagnostisches Instrument im Rahmen der Personalauswahl*, Zürcher Hochschule für Angewandte Wissenschaften, 2006).

Motivation, Schwerpunkte im Verhalten und Muster in Denken und Fühlen lassen darauf schließen, so die Behauptung, wo die gegenwärtigen Akzente einer Person liegen und welches „Potenzial", Vermögen oder Talent eine Person hat, um zukünftige Herausforderungen zu bestehen beziehungsweise um herauszufinden, wofür sie sich besonders eignet. Psychometrische Tests werden via Fragebogen dargeboten, sodass sie Selbsteinschätzungen oder Selbstbeschreibungen sind.

Die grundlegenden Theorien, auf die sich Testverfahren für Eignung und Potenzial stützen, variieren zwar. Da sich aber die Grundstruktur des Menschen (Gehirn, Psyche) seit etwa 40.000 Jahren nicht geändert hat, ist das Spektrum der Theorien übersichtlich. Einige psychometrische und andere Testverfahren, die Eignung, Verhalten, Potenzial ins Visier nehmen, beruhen auf dem Set von fünf als basal angenommenen Grundorientierungen und Eigenschaften, den häufig genannten „Big Five": Extraversion, Verträglichkeit, Gewissenhaftigkeit, Offenheit, Neurotizismus. Andere gehen auf die Begrifflichkeit und Logik der Analytischen Psychologie von Carl Gustav Jung zurück und nehmen als Grundausrichtungen: Extra- und Introversion, Fühlen und Denken, Beurteilen und Empfinden. Wieder andere stützen sich auf den Ansatz der Psychoanalyse von Sigmund Freud mit seiner Struktur von Über-Ich, Ich und Es. Mit ihr verbunden ist die gern verwendete Transaktionsanalyse, die die Person in Eltern-, Erwachsenen- und Kindheits-Ich gliedert. Neuerdings geben Testverfahren vor, Ergebnisse der Hirnforschung zu verarbeiten (zum Beispiel HBDI, Limbic). Das Spektrum der Ansätze ist begrenzt, ebenso wie die Farben, mit denen Ergebnisse visualisiert werden. Rot, Gelb, Blau und Grün tauchen immer wieder auf, meist mit ähnlichen Bedeutungen.

Testkritik ist so alt wie Tests. Die lobende Preisung der Erkenntnisleistung von Tests war immer begleitet von kritischer Melodie. Vor allem wird infrage gestellt – und das gilt ebenso für Assessment Center wie für andere standardisierte Auswahlverfahren –, inwiefern Tests überhaupt testen, was sie zu testen vorgeben. Die Kontroverse um Intelligenztests bringt es auf den Punkt: Was Intelligenz sei, wisse man bis heute nicht – also teste man etwas, von dem man nicht wisse, was es sei. Genauso verhält es sich mit emotionaler und sozialer Intelligenz und mit prognostischen Aussagen zu Leistungsvermögen und Potenzial oder Talent. Zudem sei, so die Kritiker weiter, ein auch mehrtägiges Auswahlverfahren eine Inselsituation, sei künstlich und unterscheide sich gravierend vom Alltag. Zudem würde bei dem Sich-Verlassen-auf-Test-Ergebnisse etwas, das sich in der Praxis ausnahmslos zeige, ausgeklammert: das learning on the job. Also das Wachsen mit den Aufgaben, das Ausbilden von Fertigkeiten simpel dadurch, dass wir mit Aufgaben umgehen. Dabei belegt selbst die Hirnforschung: Unser Gehirn entwickelt sich mit seiner Nutzung. Unsere Fähigkeiten und Fertigkeiten nehmen zu, indem wir Dinge probieren und tun. Und zu was wir in der Lage sind, kann keiner wissen, bevor (!) wir es versuchen.

Doch all dies und weitere Kritikpunkte fechten die Stellung von Auswahlverfahren in der Praxis nicht an. Gängige Praxis in Personalabteilungen ist die, sich auf Testergebnisse in ihrem Urteil maßgeblich zu stützen oder sich von ihnen die Entscheidung diktieren zu lassen.

Die international tätige Bank pflegte einen „Goldfischteich", und zwar sowohl für Nachwuchsführungskräfte als auch für jene Manager, die mit Perspektive auf das oberste Management-Gremium ausgewählt wurden. Die finale Auswahl leitete ein insgesamt dreitägiges Assessment ein. Nachdem ein Manager aus der mittleren Ebene eine solche Veranstaltung absolviert und ihm sein Ergebnis in einem einstündigen Gespräch mit einer Psychologin und dem Personalchef mitgeteilt worden war, beschwerte er sich bei seinem Coach: „Das müssen Sie sich mal vorstellen: Ich, seit acht Jahren in der Führung und mit ausgewiesener Expertise im Ausland, muss nicht nur völlig blödsinnige Übungen machen, sondern muss mir dann auch noch von einer Psychologin sagen lassen, ich würde mich für das oberste Management zum gegebenen Zeitpunkt noch nicht eignen, weil ich – ich zitiere – ‚Defizite im emotionalen und sozialen Umgang' hätte! – Und das, obwohl ich sogar durch schriftliches Feedback nachweisen kann, wie mich Kollegen und Mitarbeiter beurteilen, mit denen ich zusammengearbeitet habe und arbeite! Lächerlich, einfach lächerlich. Und so etwas entscheidet über meine Karriere!"

Neben Persönlichkeitstests werden Assessment Center eingesetzt. Meist ist die Teilnahme daran verpflichtend. Auch sie produzieren Anhänger und Ablehner. Assessments dauern von einem halben Tag bis zu mehreren, meistens drei Tagen. Die Beobachter versammeln – in unterschiedlicher Gewichtung – externe Psychologen, interne Personaler und Führungskräfte. Die Kandidaten werden, während sie Übungen und Befragungen durchlaufen, permanent beobachtet und bewertet. Am Schluss werden die Beurteilungen zusammengeführt und münden in Empfehlungen. Die Resultate werden übrigens keinesfalls immer und keinesfalls ausführlich mit den Kandidaten besprochen. An dieser Praxis hat sich massive Kritik entzündet, weil zahlreiche Coaches davon berichten, völlig konsternierte oder niedergeschlagene Klienten seelisch aufrichten zu müssen.

Im Reader zum Assessment Center (Wintersemester 1999/2000 Dozent: Armin Stock, Herausgegeben von Sylvia Heinz, S. 145ff.) wird die Diskussion zwischen Testbefürwortern und Testgegnern zusammengefasst. Zählt der

Psychologe Rüdiger Hossiep von der Ruhruniversität zu den Befürwortern und meint sogar, die Bundesrepublik sei bezüglich Assessment Centern noch Entwicklungsland, finden sich in Jürgen Hesse und Hans Christian Schrader entschiedene Widersacher. Beide wurden dadurch bekannt, absurd anmutende und demütigende Testverfahren und -aufgaben öffentlich zu machen. Beispielsweise erzählen sie davon, die Aufgabe eines Bewerbers sei gewesen, eine Stellungnahme zu Statements zu beziehen wie „Ich bin ein Sendbote Gottes" oder „Ich glaube, dass mich jemand vergiften will". Beide Autoren waren entscheidend daran beteiligt, wissenschaftlich zu erforschen, welche Tests vorhersagen können, welchen Erfolg eine Person beruflich haben wird. Die Ergebnisse ließen das Forscherpaar die Seite wechseln. Sie lehnen – aus politischen wie ethischen Gründen – Testverfahren ab und begannen, Testratgeber zu verfassen, die millionenfach aufgelegt werden. Anlaufstellen für Test-Geschädigte bestätigen beides: den Nutzen der Ratgeber und die Risiken solcher Auswahlverfahren.

Fasst man die Kritik der Gegner zusammen, wiederholen sich die Argumente, die für Persönlichkeitstests gelten. Aus der methodischen Perspektive wird bezweifelt, dass Eigenheiten – zum Beispiel Empfindsamkeit, Kreativität, Flexibilität – überhaupt in messbare Kriterien verpackt werden können; Zweifel an der Professionalität entzünden sich an der Praxis, dass häufig Praktiker, Führungskräfte aus dem Unternehmen oder nicht geschulte Trainer, Berater oder Coaches angeheuert werden, um zu beobachten und zu bewerten. Aber selbst wenn es sich um Profis handelte: Was können sie anderes sehen als das, was sie deuten? Doch weiter: Assessment Center kommen auch deshalb ins Gerede, weil sie zu häufig und immer öfter dazu eingesetzt werden, um Rationalisierungsmaßnahmen personell zuzuspitzen. Also: Assessment Center als Helferlein, die Guten und die Schlechten, die A-Leute und die C-Leute auszusortieren. Hübsch ist der Einwand, Assessment Center bevorzugten „Schauspieler" – die Extravertierten schnitten besser ab als die anderen! – Wie wir oben bereits nachgewiesen haben: Extravertierte kommen gut an – ob an der richtigen Stelle, sei dahingestellt. Zudem wird die Aussagefähigkeit bezweifelt: Da die meisten, die ein Assessment Center durchlaufen, vorher üben und die Lernkurve nachgewiesenermaßen hoch ist, schneiden die Geübten besser ab als die Geeigneten. Also auch hier ein Programm für Fehlbesetzung. Moralische Zweifel beziehen sich auf das Unbehagen und die Folgen des negativen Stresses, den Menschen empfinden, wenn sie via Tests, Gespräche und Übungen seelisch durchleuchtet werden sollen. Schließlich wird beklagt, dass gerade bei negativen Resultaten nicht darauf geachtet werde, was sie im Kandidaten anrichten.

Sicher, es gibt auch Vorteile oder Chancen, die ein Assessment gegenüber einem einstündigen Bewerbungsgespräch vorweisen kann. Etwa eine Teilobjektivierung von Eindrücken, eine gezieltere Erfassung von Stärken, Schwächen und Neigungen; eine breitere Beurteilungsbasis. Allerdings – das einstündige (!) 0815-Bewerbungsgespräch ist ja kein Muss. Längere, sogar eintägige narrative Interviews mit wechselnder Szenerie und wechselnden Personen, um hier nur ein Beispiel zu nennen, können gehaltvollere Aussagen liefern. Die standardisierten Auswahlverfahren könnten als Basis für gezieltes Befragen genutzt werden – nicht als Instrumente von Diagnose und Prognose. Sie eignen sich nicht als Träger für die Macht, passende Entscheidungen zu treffen. Tests produzieren keine Wahrheit. Sie konstruieren ihre eigene Wirklichkeit und geben Empfehlungen, deren Begründung und Kontext zu durchschauen wäre. Insofern sind Personaler dringend dazu aufgerufen, sich um die Grundlegung von Tests und ihre Einordnung zu kümmern, um zu verstehen, welche Aussagen die Tests überhaupt machen können.

Das alles würde allerdings voraussetzen, dass Personaler etwas ernst nehmen, das sie zunehmend an standardisierte Auswahlverfahren abgegeben haben: ihre Verantwortung, Personalentscheidungen zu begleiten.

Das Geschäft des Personalentscheiders wird umfangreicher und verzwickter, die Anforderungen verändern sich und werden anspruchsvoller. Dennoch sollten sie sich den Kniefall vor Eignungsinstrumentarien gut überlegen.

Bei allem Verständnis dafür, dass auch Personaler Komplexität und Belastung verringern möchten, indem sie sich nach Vereinfachungen und Tools umschauen – eine letzte kritische Frage müssen sie sich bieten lassen: Testverfahren sind heute die Regel. Wenn die Tests hielten, was sie versprechen, und wenn diejenigen, die sie nutzen, kompetent sind – wie kann es dann zu Fehlbesetzungen in dem Ausmaß kommen, wie es von Unternehmen beklagt wird?

1.6 Eine Fehlbesetzung ist keine Katastrophe

Tenor Personalentscheider:

„Meine Güte – dann habe ich halt mal einen Fehlgriff gemacht! Na und? Das
Unternehmen kann es verkraften. Kommt ja nicht jeden Tag vor!" – „Hin-
terher ist jeder schlauer, oder?! Konnte ja keiner ahnen, dass der sich so
nachteilig entwickeln würde!"

Eine Studie der Managementberatung Kienbaum aus dem Jahr 2005 zeigt,
dass zwischen fünf und fünfundzwanzig Prozent gefällter Personalentscheidungen innerhalb der ersten zwei Jahre vom Unternehmen oder von
den neuen Mitarbeitern revidiert werden. An weiteren zehn bis fünfzehn
Prozent der Anstellungen wird festgehalten, obwohl die Unzufriedenheit

mit ihnen überwiegt. Die Begründung: „Kontinuitätsgründe". Diese Begründung mag zunächst einmal Kopfschütteln hervorrufen. Für die Rechner unter den Lesern wird die Kostenkalkulation den Aha-Effekt auslösen. Für die Psychologen unter den Lesern sei diese Anmerkung angefügt: Sich von neu Eingestellten zu trennen, fällt zwar nicht so schwer wie die Verabschiedung von Altgedienten. Aber: Jedes Trennungsgespräch kostet Überwindung, weil die Nachricht die unangenehmste ist, die in einem Unternehmen überbracht werden kann. Sie kostet auch Risikobewusstsein – meist in der Form von Angst oder Furcht: Wir haben gestandene Führungskräfte erlebt, die Nächte lang kaum schlafen konnten, weil sie nicht einschätzen konnten, wie der Mitarbeiter oder die Mitarbeiterin reagieren würde. Männern fällt es übrigens besonders schwer, Frauen zu kündigen, weil „die auch schon einmal weinen – und dann weiß ich nicht, was ich tun soll …" Psychologisch heikel ist die Situation des Trennungsgesprächs zudem, weil sich der Entscheider einen Fehler eingestehen muss. Das schadet dem Selbstwert – ein Grund dafür, dass trotz Unzufriedenheit an schlechten Entscheidungen festgehalten wird. – Doch vertiefen wir uns an dieser Stelle nicht weiter in psychologische Fragestellungen, sondern liefern wir Zahlen.

Widmen wir uns kurz einer groben Kostenkalkulation, die eine Fehlbesetzung in Gang setzen kann. Die Spannweite von Schätzungen einer falschen Platzierung geht von drei Monatsgehältern bis zu dem Dreifachen des Jahresverdienstes. (zum Beispiel Sarah Kramer, *Teurer Fehlgriff*, aus: Berlin Maximal, *Wirtschaftsmagazin für den Mittelstand* der Region Berlin Ausgabe 3/2010). Ferner wird vermutet, dass jede fünfte Entscheidung für einen neuen Mitarbeiter sich innerhalb der ersten sechs Monate als eine Fehlentscheidung entpuppt. Daher die inzwischen bis zu einem halben Jahr währenden Probezeiten. Das lassen sich Anfänger gefallen – Profis allerdings nicht.

Eine betriebswirtschaftliche Kostenrechnung für die „Fehlinvestition" muss diverse Größen beinhalten: Funktion und Gehaltsstufe, variable Anteile und deren präzise Messung, sowohl interne Kosten für die Suche (zum Beispiel Anzeigenschaltung) als auch externe (Einschalten von Personalberatern). Oft vernachlässigt werden Kosten im Rahmen der Einarbeitung. Hier sollte nicht nur die individuelle Leistung, sondern sollten ebenfalls weitere betroffene Abteilungen in den Blick geraten sowie Personenkreise, mit denen der neue Kollege zu tun hat bzw. in die hinein sein Wirken ausstrahlt. Das können Kollegen anderer Abteilungen oder Teams genauso sein wie Kunden oder Mitbewerber, bei denen die Person infolge von Fehlleistungen oder anders motivierten kontraproduktiven Verhaltens Schaden anrichten kann. Gemäß dem systemischen Blick sollten auch sachliche oder fachliche Fehl- oder sogenannte Minderleistungen und deren Breitenwirkung grob geschätzt werden.

Laut einer Kienbaum-Studie aus dem Jahr 2005 belaufen sich die direkten und indirekten Kosten einer Fehlbesetzung auf der Ebene eines Geschäftsführers oder einer vergleichbaren Funktion auf das bis zu Dreifache des Jahresgehaltes des Funktionsträgers. Rechnet man direkte und indirekte Kosten ein, können die Kosten faktisch zwischen dem 1,5- bis 3-fachen des Jahresgehalts liegen. Bei einem Geschäftsführer mit 110 bis 160 Tausend Euro kann sich die Summe dann leicht im Bereich von 165 bis 480 Tausend Euro einpendeln. Kienbaum etwa veranschlagt für die Rekrutierung eines Nachfolgers einer Führungskraft rund 140 000 Euro. Darin enthalten sind die Kosten für das Schalten von Anzeigen, verlorene Arbeitszeit durch Bewerbermanagement und Bewerbungsgespräche sowie Reisekosten. Hinzu kommen verminderte Arbeitsleistung während der Einarbeitungszeit und – in der Idealrechnung – deren Auswirkungen. Wenn die Beschäftigung nicht mit Ablauf der Probezeit beendet wird, fällt häufig der Aufwand für eine Abfindung und/oder potenzielle gerichtliche Kontroversen an, die in die gesamte Summe bereits einkalkuliert sind. Man kann den Kreis der Kostenschätzung noch erweitern, indem Kosten für entgangenes Geschäft, für eine wiederholte Suche, für Neubesetzung und Einarbeitung bis hin zu möglichen Negativ-Auswirkungen auf die Reputation des Unternehmens einbezogen werden. Diese

Ausführungen deuten an, inwiefern Personalentscheider unternehmerisches Verantwortungsbewusstsein zeigten, wenn sie sich solche Kalkulationen öfter vergegenwärtigen würden.

Die vorangegangenen Kapitel nennen einige gewichtige Gründe für das Risiko, eine Position mit einer nicht passenden Person zu besetzen. In diesem Abschnitt betrachten wir eine spezifische Haltung, die bei nicht wenigen Personalentscheidern zu finden ist. Der Begriff Haltung meint eine grundlegende Einstellung, durchaus wörtlich: „Ein-Stellung" oder Justierung. Ähnlich wie der Halo-Effekt, das Pars pro toto oder die Ähnlichkeit fördert die innere Einstellung ein bestimmtes Denken und Fühlen, die ihrerseits bestimmtes Verhalten wahrscheinlicher machen als anderes.

Konkret: Wenn ein Personaler meint, das Unternehmen könne eine Fehlbesetzung finanziell verkraften, dann nimmt die Risikofreude zu. Besonders dann, wenn nicht seine eigene Abteilung betroffen ist, wird er es mit einem gründlichen Blick auf Bewerber nicht so genau nehmen. Anders Personalentscheider, die zum einen die finanziellen Kosten im Auge haben und zum anderen auch jene Kosten, die weniger offensichtlich sind. Jede Fehlbesetzung verursacht Schäden: beim Betroffenen, bei Kollegen und Vorgesetzten, vielleicht sogar darüber hinaus bei anderen Abteilungen, bei Kunden und Lieferanten. Die Verharmlosung, die aus den zwei Zitaten zu lesen ist, wird riskant, sobald diese Personen die darin transportierte Einstellung zum Vorzeichen von Personalentscheidungen machen.

Das zweite Zitat klingt zwar trivial. Zugleich enthält es ein Körnchen Wahrheit: Wer kann voraussehen, wie sich ein Mensch entwickelt? Nun, das kann kein Mensch. Aber: Personaler sind angetreten als Personen, die sich für eine ganz bestimmte Funktion, Aufgabe und Verantwortung qualifizieren: Menschen erkennen (siehe 1.1). Sie haben sich folglich um alles Wissen zu kümmern, das ihnen dabei helfen kann, ihre Fertigkeit, Menschen einzuschätzen, zu optimieren. Dazu gehören nicht nur Theorien und Praktiken, die den Einzelnen ins Zentrum stellen. Sondern heute auch die viel gerühmte und ausgiebig genannte systemische Sichtweise. Diesem Denken zufolge muss der Einzelne immer im Kontext, im System, in seinem Umfeld betrachtet werden. Ein Bewerber ist demzufolge eine Komponente unter anderen, und er wie die anderen sind in Rahmenbedingungen eingebunden. Er steht in Wechselwirkung mit allen Variablen des Systems und seiner Umwelt. Das sind alle Aspekte, die mit Kollegen, Mitarbeitern und Vorgesetzten zu tun haben; ebenfalls alle Aspekte, die mit Aufgabe, Befugnissen, Kompetenzen und Zielen verbunden sind; sogar Infrastruktur kann eine Rolle spielen (alte oder modernste Technologie als Arbeitsmittel? Helle oder düstere Räume? etc.). Je nach Position in der Hierarchie wird das System erweitert. Ein Geschäftsführer, beispielsweise, muss zusätzlich Stakeholder, Shareholder, Marktanforderungen im Blick haben und – je nach Branche – weitere Entwicklungen, die seine Unternehmensstrategie beeinflussen können, auf Feldern wie Recht, Technologie, Rohstoffe, öffentliche Meinung und dergleichen. Kurz gesagt: Personaler haben die Pflicht, den Kandidaten in einen Zusammenhang zu stellen. Und dies bezogen auf die Gegenwart: Wie ist es jetzt? Sowie in die nahe Zukunft: Welche Veränderungen in seinem Kontext sind absehbar – und wie versteht sich der Kandidat darin?

Im vorherigen Abschnitt war bereits die Rede davon, dass Assessments, Tests, standardisierte Eignungsverfahren Personaler und Führungskräfte unterstützen und entlasten sollen. Bereits dort warnten wir mit guten Argumenten davor, sich auf diese Instrumente zu verlassen. Unter der Bezeichnung „Kompetenzmanagement" eilt ein weiteres, dieses Mal europaweites Verfahren heran, das suggeriert, Personalentscheidern die Entscheidung für einen passenden Kandidaten abnehmen zu können. In einem Übersichtsartikel zu diesem Thema (*ManagerSeminare* H 151, Oktober 2010, S. 10) wird Kompetenzmanagement vorgestellt als „hoch komplexes Feld der PE", und zwar deshalb, weil es in den Nationen Insellösungen gibt, also eigene, individuelle, die nicht einfach auf andere übertragbar sind. Die hat die europäische Nivellierungs-Avantgarde nicht gern, denn Insellösungen sind immer spezifisch, erschweren Vergleichbarkeit – und unter dem Vorzeichen einer wie immer begründeten Gleichberechtigung gilt das als politisch nicht korrekt, unerwünscht, hinderlich auf dem Weg, „die Besten" zu finden.

Die Lösung dieses Problems scheint gefunden in zwei Projekten, die von der EU gefördert werden. Beide dienen dazu, einen „gesamteuropäischen Standard für die Kompetenzmodellierung" zu erstellen. Dieser soll dabei helfen, andere Standards besser anwenden zu können. Als Vorbild gilt die Publicly Available Specification (PAS 1093). Zwei Normen werden bereits angewandt: der europäischen Qualifikationsrahmen (EQF) und der Europass. Sie sollen dafür sorgen, dass formell und informell erworbenes Wissen, Fähigkeiten und Fertigkeiten international vergleichbar werden. Das Defizit dieser beiden Tools wird darin gesehen, dass sie zwar dazu anregen, Kompetenzen etc. zu dokumentieren. Aber leider nehmen sie die Personaler nicht am Händchen; sie bieten keine Hilfestellung bei Definition, Strukturierung und Beschreibung der Kompetenzen. Es liest sich wie eine Satire:

„Der Metarahmen mit acht Qualifikationslevel, in die national erworbene Qualifikationen anhand von Kompetenzbeschreibungen (Deskriptoren) systematisch eingeordnet und damit vergleichbar gemacht werden sollen. Das Wie bleibt dabei unklar. Der Europass besteht aus fünf verschiedenen Instrumenten, darunter der europäische Lebenslauf (in den jeder EU-Bürger seine Qualifikationen und Kompetenzen eintragen kann) sowie eine ‚Europass-Zeugniserläuterung', in der Bildungsanbieter festhalten können, welche Kompetenzen in einer Aus- und Weiterbildung erworben wurden."

Manko: Wie das zu machen ist, unklar. „Die europäische Norm, die einen systematischen Rahmen für die Definition und Beschreibung von Kompetenzen bieten wird, soll eben diese operative Lücke schließen und EQF und Europass besser anwendbar machen."

Nun kommen also die beiden Projekte Wacom und Ecotool. Wer dazu mehr lesen möchte, wende sich bitte an: www.wacom-project.eu und www.ecopetence.eu. Zu den bekannten Standardisierungen ISO Q-Standard ISO/IEC 19796-1 kommen weitere hinzu. Stolz wird dargestellt, dass die Standardisierungen Referenzmodelle anbieten, und zwar für Qualitätssicherung und Qualitätsmanagement in Lernen, Aus- und Weiterbildung für Bildungsanbieter und Nutzer von Lernangeboten. Diese Norm wurde 2009 im europäischen Raum bindend. – Unser Kommentar: Und das in einer historischen Epoche, die sich durch Internationalisierung und Interkulturalität auszeichnet!

Zu der in den Zitaten exemplarisch vorgeführten laxen Grundhaltung „Fehlbesetzung – nicht so schlimm" kommt einmal mehr die Aussicht, an Verfahren und diagnostische Instrumente mit unterstellter Prognosefähigkeit zu delegieren. Wie ein Mehr an Büro- und Technokratisierung, an Standardisierung und Delegation und ein Weniger an ganzheitlicher Betrachtung mit gleichzeitiger Differenzierung und Individualisierung dazu führen soll, Fehlbesetzungen zu verringern oder systematisch zu vermeiden – das ist die Frage.

(In Kapitel 2 werden wir Auswege und Alternativen diskutieren.)

1.7 Personalvermittler finden passende Kandidaten

Die meisten Unternehmen, konkret: Personalabteilungen bedienen sich bei der Suche nach Führungskräften einer Dienstleistung, die den Namen Personalvermittler trägt. Wie jeder Service kann auch dieser in unterschiedlicher Art ausgeführt werden. Wir nehmen an dieser Stelle den „Otto-Normal-Vermittler" aufs Korn.

Die für Recruiting verantwortliche Personalerin engagierte eine Personalvermittlung, um die Position eines Anzeigenleiters zu besetzen. Als Informationsbasis für den Vermittler schickte sie ihm die Stellenbeschreibung, dekoriert mit einigen Angaben zu Aufgabenstellungen, die dort nicht auftauchten. Ausgestattet mit dieser Unterlage, der Präsentation des Unternehmens im Internet, und dem Stellenprofil (der Ausschreibung) machte sich der Vermittler auf die Suche. Die Inhalte der telefonischen und persönlichen

Interviews mit den Kandidaten sind im Detail nicht überliefert, orientierten sich aber faktisch maßgeblich an dem besagten Schrifttum. Dem Vermittler gelang es, einige Kandidaten zu finden und im Unternehmen ein Gespräch zu führen. An diesen Bewerbungsgesprächen nahm nicht der Vermittler, sondern nur die Personalerin und die zukünftige Chefin des Anwärters teil. Obwohl die Vertriebs- und Marketingchefin, der die Anzeigenleitung unterstellt war, von keinem der Kandidaten völlig überzeugt war, entschied sie sich für eine Kandidatin aus dem Pool. – Bereits in den ersten Wochen der Zusammenarbeit wurde deutlich, dass sich beide Seiten geirrt hatten. Man trennte sich.

Wir wollen hier nicht den Beitrag zur Fehlbesetzung von allen Beteiligten tiefgründig analysieren, sondern begnügen uns damit, auf typische Verhaltensweisen hinzuweisen, die die Gefahr von Fehlbesetzungen erhöhen. (Ausführlicher dazu im zweiten Kapitel.) Da ist zunächst der Vermittler. Seine Informationsbasis war äußerst dünn. Seine Pflicht wäre unter anderem gewesen, das Unternehmen und die Abteilung mit ihren Mitarbeitern kennenzulernen. Er hätte sich um viel mehr Kontextwissen kümmern müssen. Diese Kenntnis hätte es ihm ermöglicht, einen Kandidaten bezogen auf den gesamten Zusammenhang zu suchen – nicht nur in Bezug auf die Stelle. Und natürlich hätte er eine zweite Gesprächsrunde mit Personalerin und Vertriebs- und Marketingchefin anbieten müssen. Die Personalerin schien die Devise zu pflegen: „Der Vermittler wird es schon richten. Schließlich bezahle ich ihn dafür." Ihr Briefing war oberflächlich und unprofessionell. Und Stellenprofile als Basis für ein Recruiting zu nehmen, grenzt in der Regel an Leichtsinn. Denn Stellenbeschreibungen sind a) selten aktuell und b) selten so verfasst, dass sie auch in die Zukunft weisen und c) nicht so umfangreich wie das, was die Funktion tatsächlich ausmacht. Die Vertriebs- und Marketingchefin hätte sich in den Prozess früh einschalten und sowohl mit der Personalerin als auch mit dem Vermittler sprechen sollen. Im Mindesten wäre es an ihr gewesen, darzustellen, welche Herausforderungen aktuell und in naher Zukunft auf den Kandidaten zukommen.

Ein Vermittler muss umfassend instruiert werden. Und Vermittler sollten zu Beratern werden. Was wir damit meinen, lesen Sie in Abschnitt 2.7.

Abschießend noch ein Beispiel dafür, wie es nicht laufen sollte.

Ein langjähriger Kunde aus dem Bereich der Automobilzulieferer beauftragte aus preislichen Gründen mehrere Personalvermittler mit der Suche nach Führungskräften der zweiten Ebene. Das Suchfeld war sehr eng und damit äußerst eingeschränkt. Zudem hatte der Kunde Vermittler aktiviert, die die hoch spezialisierte Branche nicht bis viel zu wenig kannten. Das hatte nahezu desaströse Folgen. Die Vermittler recherchierten unprofessionell, weil sie ihre Recherche an ungeeigneten Standorten, in ungeeigneten Unternehmen und Abteilungen durchführten. Darin folgten sie sklavisch den Wunschunternehmen des Kunden. Die Folge war, dass sie den Markt in mehrfacher Hinsicht verbrannten. Neben dem erwähnten Fauxpas kam es zu Mehransprachen. Das hatte unter anderem zur Folge, dass innerhalb kürzester Zeit jede infrage kommende Zielperson über Dritte, die fälschlicherweise angesprochen worden waren, über die Suchprojekte informiert war.

Die Angesprochenen agierten verständlicherweise irritiert und verunsichert. In den Aussagen von fälschlicherweise Angesprochenen wiederholten sich Textteile, besonders diese: „Die Vermittler haben ganz offensichtlich keine Ahnung von der Materie – anders ist nicht zu erklären, dass die Leute aus der Konstruktion ansprechen für Positionen im Bereich der Funktionsentwicklung!"; „Da ruft mal die Vermittlung X und 2 Tage später die Vermittlung Y mit der gleichen Position an! Was soll ich denn davon halten?!"; „Da werden Hauptabteilungsleiter für die Besetzung von Positionen auf Gruppenleiterniveau angesprochen! Wissen die überhaupt, was sie suchen?!"

Die unprofessionelle Vorgehensweise hatte positive Auswirkungen auf Unternehmen, in denen besonders intensiv gesucht worden war: Sie hatten durch die ganze Aktion erfahren, dass ihr Konkurrent dabei war, sich in mehreren Bereichen neu aufzustellen. Und: Dank des stümperhaften Auftritts der Ver-

mittler brauchten sie keinerlei Angst davor zu haben, dass ihre Führungskräfte in dieses Unternehmen wechseln würden. Die Führungskräfte hegten nämlich berechtigte Zweifel daran, dass die Personalvermittlungen sie im Suchprozess besser, diskreter, professioneller betreuen würden. Damit erwies sich der Schaden für das suchende Unternehmen als viel größer als nur in der Form von nicht besetzten freien Stellen. Die Reputation litt enorm. Potenzielle und vor allem erfahrene Kandidaten zu erhalten, wurde für diese Firma enorm schwierig. Der Kunde hatte unter anderem außer Acht gelassen, dass beauftragte Vermittlungen die Funktion einer Visitenkarte für das Unternehmen ausüben.

2.
Strategien gegen Fehlbesetzungen: Wie Sie die „Richtigen" finden

Die folgenden Ausführungen geben Ihnen Anregungen dafür, was Sie tun können, um Fehlbesetzungen zu vermeiden, zumindest drastisch zu reduzieren. Wenn wir in diesem Zusammenhang davon sprechen, „die Richtigen" zu finden, so meinen damit dies: Richtig oder falsch sind streng genommen unangemessene Kategorien der Beurteilung. Sie geben vor, dass es ein Absolutum oder ein Ideal geben kann, das unabhängig von Kontextfaktoren gilt. Das ist ungenügend. Denn jeder Kandidat befindet sich in einer speziellen Firma, in der er oder sie eine besondere Funktion und Verantwortung hat, und dies innerhalb von spezifischen Rahmenbedingungen. Folglich gibt es, wenn man so will, richtig oder falsch nur in Bezug auf diese und weitere Kontextvariablen. Deshalb verstehen wir „die Richtigen" in dieser Weise: Es sind Frauen und Männer, die in einem definierbaren Zusammenhang diejenigen sind, die am besten passen. Passung ist also das Kriterium, an dem sich die Diagnose Fehlbesetzung festmacht.

In diesem Sinn fahnden wir nach Überzeugungen und Haltungen, nach Verhalten und Praktiken, die es wahrscheinlicher machen als andere, dass Sie auf Anhieb „die Richtigen" finden.

Wieder geraten dabei Personalentscheider aus Führung und der Personabteilung besonders in den Blick. Die Begründung kennen Sie bereits: Es sind jene Personen, die einen im wörtlichen Sinn entscheidenden Einfluss darauf haben, welche Personen angestellt werden und welche nicht. Und welche Mitarbeitenden mit welcher Perspektive in ihrer Weiterentwicklung vom Unternehmen, der Personalentwicklung, flankiert werden und welche nicht.

2.1 Personaler verstehen sich als unternehmerisch Mitverantwortliche

Der HR-Chef eines global tätigen Unternehmens bezeichnet sich selbst als „wertschöpfendes Element". Dass dieses Selbstverständnis sein Echo in der Vorstandsetage findet, beweist der Vorstand dadurch, dass der Personalchef an der Auswahl von Geschäftsführern beteiligt wird. Und zwar über eine bloße Konsultation mit dem Tenor: „Was meinen Sie zu dem?" hinaus. Der HR-Chef dient dem Vorstand als Sparringpartner bereits in der Anfangspha-

se strategischer Weichenstellungen, etwa bei Standortentscheidungen. Ge-schätzt wird der HR-Chef zum einen wegen seiner Courage, den Vorstand in konstruktiver Absicht zu provozieren und Kontroversen auszulösen, um mög-lichst viele kritische Punkte des Vorhabens vorab zu diskutieren. Oberfläch-liche oder simpel optimistische Einschätzungen à la „Das kriegen wir schon hin" stellen ihn keineswegs zufrieden, sondern sind ein sicherer Generator für tiefes Bohren. Außerdem wird er geschätzt durch seine Branchen- und Landeskenntnis sowie durch seine Fragen zu avisierten Standorten. Diese Fragen beginnen bei Aspekten der Infrastruktur und der Marktbedingun-gen. Daran schließen sich Fragen an nach den Fähigkeiten und Fertigkeiten, die an den neuen Standorten benötigt würden und wo die Kandidatensuche maßgeblich durchzuführen wäre: auf dem deutschen Heimatmarkt oder in dem jeweiligen Land, oder – wenn gemischt – wo vorzugsweise Fachleute und wo vorzugsweise Führungskräfte welcher Ebenen zu rekrutieren wären. In der sehr engen Zusammenarbeit mit der Personalberatung, die das Unter-nehmen seit gut zehn Jahren begleitet, wird der Berater außergewöhnlich konkret und detailliert gebrieft. In den Gesprächen von Kandidat, Berater und HR-Chef tritt dieser als souveräner Frager auf, der auch hier in die Tiefe geht. Etwa tastet er ab, inwiefern ein Kandidat in die Führungskultur des vorhandenen oder in die des zu schaffenden Unternehmens am neuen Stand-ort passt. Selbstverständlich baut er die Thematik der Interkulturalität in seine Abfragen ein. In diversen Feedbackschleifen prüft er den Kandidaten auf Dissonanzen oder Widersprüche ab und stellt diese zur Diskussion. Auch Denk- und Handlungsmuster versucht er, im Dialog mit dem Kandidaten zu erfassen.

Kurzum: Dieser HR-Chef agiert als unternehmerisch denkende und handeln-de Führungskraft. Er nimmt seine Funktion insofern sehr ernst, als er sich vergegenwärtigt, dass seine Personalentscheidungen maßgeblich zu den Chancen beitragen, das Unternehmen auf der Erfolgsstraße weiterfahren zu lassen.

Dieser HR-Chef scheint eine der wenigen Ausnahmen zu sein. Unser Appell an Personaler, sich als strategischer Partner im Unternehmen zu profilieren und unternehmerische Mitverantwortung zu übernehmen, liegt nicht im Trend.

2010 gibt es wieder eine Trendstudie des Swiss Centre for Innovations in Learning (scil) der Universität St. Gallen. Das Zentrum führt seit 2006 zweijährlich Trendstudien in der Form schriftlicher Befragungen durch. Dieses Mal wurden 150 Leiter von Personalentwicklungsabteilungen, davon 104 aus deutschsprachigen Ländern befragt, von denen etwa die Hälfte in Großkonzernen tätig ist. Das Ergebnis ist wenig amüsant. (Zusammenfassung in: *Wirtschaft&Weiterbildung* 10, 10 S. 10). Personalentwickler nehmen langsam und stetig Abschied.

Von den späten 90er-Jahren bis in die ersten Jahre des neuen Jahrhunderts hinein lautete der Revolutionsruf noch: „Wir, die Personaler, müssen uns darum kümmern, in die Geschäftsleitungen zu kommen und strategischer Partner sein! Um unsere Aufgabe optimal zu erledigen, müssen wir auf Augenhöhe mit der Unternehmensleitung diskutieren und strategische Perspektiven sowohl mitgestalten als auch begleiten!"

Ein Leiserwerden dieser Forderung, die noch bis vor wenigen Jahren lautstark auf zahlreichen Personalmessen proklamiert wurde, kündigte bereits die scil-Trendstudie von 2006 an. Und heute muss man schon fast die Ohren spitzen. Bereits vor vier Jahren strebten nur 64 Prozent der Befragten die verantwortungsvolle Position des „Business-Partners" an. 2010 sinkt diese Prozentzahl auf 50. Tendenz also sinkend. Gleichzeitig und durchaus konsequent fällt der Ehrgeiz, am „Roll-out von Strategieprozessen" (ebd.) beteiligt zu werden, von 64 auf gerade noch 38 Prozent. Das ist erschütternd.

Die Studie legt den Gedanken nahe, dass sich Personalentwickler – immerhin die Stars in der Personalabteilung – auf ein Terrain zurückziehen, auf dem sie sich wenig um Strategien und Unternehmenspolitik kümmern müssen: Transfermaßnahmen und deren Förderung stehen als Prioritäten auf dem Plan. Das ist ein überblickbares Feld und dasjenige, das sie kennen. Es ist ein Feld, dessen Früchte sie kennen und auf dem sie sehr aktiv herumwuseln – nicht immer zur Freude ihrer Klientel. Aber das ist eine andere Geschichte.

Auf der Liste der Top Ten der Herausforderungen rangieren Bildungsmaßnahmen, die sich der praktischen Umsetzung von Seminarmaßnahmen sowie eines verbesserten Wissensaustauschs annehmen. Das ist nötig und sinnvoll und dennoch zu wenig. Wahlweise ein Schmunzeln oder ein Fragezeichen stellen sich ein, wenn zwar einerseits der Abschied von Partizipation an strategischen Themen eingeläutet wird, andererseits aber „Qualifizierung der Mitarbeiter proaktiv an der Unternehmensstrategie ausrichten" auf Rang zwei platziert ist. Dieses Votum wird bestenfalls verständlich, wenn man annimmt, dass Personalentwickler die Unternehmensstrategie kennen, ferner diese abnicken, um sie schließlich in ihre Weiterbildungsaktivitäten einzuspeisen.

Man mag denken: „Na, das ist doch immerhin etwas." Es gibt durchaus Unternehmensleitungen, die die Personalabteilung als Handlanger betrachten, behandeln und sich wohl damit fühlen. Das sind allerdings nicht die Unternehmensleitungen, die in der Personalabteilung jene sitzen haben, die dafür sorgen, dass Visionen und Strategien mit der Hilfe geeigneter Mitarbeiter auf allen Ebenen realisiert werden können.

Schaffen sich Personalentwickler als Sparringpartner ab? Es scheint so: Auf Platz neun und zehn lümmeln zwei vernachlässigte und allmählich in die Tiefen der Vergessenheit tauchende Aufgaben auf, nämlich „Unternehmen zu lernenden Organisationen weiterentwickeln" und „Beteiligung der Personalentwicklung an den unternehmensweiten Strategieprozessen".

Unternehmen benötigen aber den initiativen Typus von Personaler. Das „Forum „HR-Young Profession" der Initiative „Wege zur Selbst-GMBH E.V." macht insbesondere in zwei Passagen ihres Positionspapiers Mut: *„Die Personalfunktion braucht Protagonisten, die sich stärker mit ihren Kunden als mit dem eigenen Organisationsmodell oder dem Titel auf der Visitenkarte befassen."* Und: *„ Sie braucht eine neue Generation von Personalern, die ihren Stolz daraus zieht, sichtbare Beiträge zum Unternehmenserfolg zu leisten"* (a. a. O. 12).

Dazu passt unser Plädoyer, das in der kürzestmöglichen Variante lautet: Personaler üben den ganzheitlichen Blick und sind ambitiös genug, das, was sie dort sehen, zur Grundlage ihrer Arbeit zu machen. Sie stimmen ihre Personalstrategie und ihr proaktives Personalmanagement mit der des Unternehmens in einem kritisch-konstruktiven Dialog ab und tragen damit zur Wertschöpfung bei (Kern-Details etwa bei C. Scholz, *Personalmanagement: informationsorientierte und verhaltenstheoretische Grundlagen*, 5. Aufl., München 2000).

Der Weg dorthin ist felsig. Denn er positioniert Personaler sowohl als Lernende als auch als Experten mit weitem Horizont. Ihre Aufgabe liegt darin, auf ihrem Spezialgebiet unternehmensweit dafür zu sorgen, dass Mitglieder des Unternehmens bestmöglich zum Wohl des Unternehmens kooperieren können. Diese enorme Herausforderung spannt den Bogen sehr weit. In diesem Buch werden wir nur einen Teil abschreiten. Unser primärer Bezugspunkt ist und bleibt die Kandidatenplatzierung, also die Frage nach der optimalen Besetzung von Positionen in der Führung. Insoweit thematisieren wir zwar nur einen Teilbereich des gesamten Spektrums an Herausforderungen für Personaler. Allerdings einen – wie wir meinen – höchst wichtigen und im wörtlichen Sinn entscheidenden.

In diesem Kapitel rufen wir Personaler dazu auf, ein mindestens in seinen Schwerpunkten neues Selbstverständnis zu erarbeiten. Dieses Selbstverständnis positioniert die Personalabteilung als Entdecker, Hüter und

Entwicklungshelfer mit strategischem Blick. Dieser ordnet Initiativen für Einzelne, für Gruppen wie für Teams ein als Beitrag zur Wertschöpfungskette. Die Personalabteilung als in unternehmerischer Vision und Mission, Strategie und Kultur verankerte Kraft, die bestimmt, wie mit „Human Resources" umzugehen ist, und insofern Mitverantwortung für Wohl und Wehe des Unternehmens übernimmt.

Die Position des CEOs in einer ausländischen Konzerntochter war neu besetzt worden. Wenige Monate, nachdem der CEO installiert war, ging der „alte" Personalchef in Pension und ein neuer trat ins Unternehmen ein. Von diesem „Neuen" war der CEO zwar nicht restlos überzeugt, aber die Weichen waren vor seiner Zeit gestellt worden, sodass er die Wahl akzeptierte. Bisher, bis zum Eintritt des neuen CEO, war die Personalabteilung, die von dem neuen Personalchef in „Human Resources Development" umbenannt wurde, nicht in der Geschäftsleitung vertreten. Genau darauf aber zielte der Ehrgeiz des Personalchefs.

Seine Argumentation in groben Zügen: Er vertrete den Standpunkt, HR seien ein investiver und daher ein Faktor im Unternehmen, der zum Ebit beitrage. Er verstehe sich als Sparring-Partner für den CEO und die Personalabteilung als Dienstleister. Die vordringliche Aufgabe sei es, über Maßnahmen der Personalentwicklung und des Recruitings sicherzustellen, dass Leute an Bord kämen, die die anstehenden Veränderungen bewerkstelligen könnten. Das alles könne er allerdings nur dann vorantreiben, wenn er aus erster Quelle einen Einblick hätte in Prozesse und Entscheidungen, die das Unternehmen beträfen. Denn nur unter dieser Bedingung sei es ihm möglich, Programme und Inhalte zur Weiterbildung und Kriterien für die Kandidatenauswahl mit dem Blick auf anstehende und zukünftige Anforderungen zu leisten. Aus diesen Gründen setze er sich dafür ein, Mitglied der Geschäftsleitung zu werden.

Zwar fegte die Argumentation nicht jedwede Skepsis weg. Aber sowohl der neue CEO als auch die anderen Mitglieder der Geschäftsleitung ließen sich davon überzeugen.

Unter der Voraussetzung, dass Personalchefs mit ihrer Abteilung von Führungskräften in der obersten Etage respektiert und konsultiert werden wollen, demonstriert das Beispiel mindestens dies: Es betont, wie wichtig es für Personalchefs ist, ein ausgebildetes und formulierbares Selbstverständnis zu haben: sowohl in der individuellen Rolle als auch in der der Abteilung für das Unternehmen. In der individuellen Rolle sieht sich der Personalchef als Sparring-Partner; die Abteilung leistet den Dienst qualifizierter Beratung und Maßnahmen auf personeller Ebene, die das Unternehmen voranbringen.

Dazu gehört auch, Denkweisen zu erweitern. Der besagte Personalchef flog als neuartigen Gedanken ein: Personalabteilung nicht mehr als Sektiererverein oder reine Exekutive. Sondern Personalabteilung als Mitgestalterin des Unternehmens – und der Personalchef als Repräsentant. Als dritter Aspekt sei einer genannt, dem wir ausdrücklich in 2.6 nachgehen: Personalarbeit im Allgemeinen und Recruiting und Platzierung von Schlüsselkandidaten im Besonderen visieren an, Individual- und Unternehmensziele aufeinander zu beziehen und abzustimmen. Im Idealfall fallen Individual- und Unternehmensziele zusammen (Psychologen sprechen dann allerdings warnend von Überidentifikation). Es genügt allerdings, wenn der Abgleich eine große Schnittmenge aufweist (siehe 2.6).

Natürlich ist es mit einem solchen Selbstverständnis und der genannten Selbstverortung nicht getan. Die spannende Frage lautet: Wie äußert sich beides? Was tun Personaler, wenn sie unternehmerisch Mitverantwortung übernehmen? Diesen Fragen gehen wir mit unserem Fokus „optimale Stellenbesetzung" oder „bestmögliche Kandidatenplatzierung" nach. Wir holen ein wenig weiter aus; denn die Bedingung der Möglichkeit, freie Positionen qualifiziert und nachhaltig zu besetzen, ist: das eigene Unternehmen zu kennen.

Die erste Bedingung, die Personaler erfüllen müssen, wenn sie im umrissenen Sinn als Experten und interne Berater wirken wollen, lautet: Personaler kennen das Unternehmen. – Banal? Keineswegs! Wir haben Personalchefs getroffen, denen Langfristperspektive und Strategie, Struktur und Geschäft des Unternehmens ein Buch mit sieben Siegeln waren. Auf die Frage nach der zeitlichen und strategischen Ausrichtung, nach dem, was die Unternehmensleitung tut, um die Firma fit für die Zukunft zu machen, haben erstaunlich viele Personaler bestenfalls eine vage oder keine Antwort.

In der Supervision eines Meetings der neun-köpfigen Geschäftsleitung erlebten wir, dass acht Augenpaare entweder völlig konsterniert oder enerviert blickten. Denn der HR-Chef, der bereits knapp sechs Jahre im Unternehmen die Personalstrategie definierte, stellte Fragen nach dem Kerngeschäft des Unternehmens! Tenor: „Sagt mal, was genau machen wir jetzt schwerpunktmäßig im Verbund der Holding?" oder: „Wie genau ziehen wir Projekte im Verhältnis zur Linie durch?" oder: „Wie ist das mit Abstimmung von Fabrikation und Entwicklungsabteilung?" oder: „Wie ist konkret gedacht, dass wir Neugeschäft generieren?"

Das eigene Unternehmen umfassend zu kennen, ist notwendige Voraussetzung dafür, die eigene Verantwortung überhaupt wahrnehmen zu können. Für das Thema Stellenbesetzung bedeutet das: Weiß der Personaler über das eigene Unternehmen zu wenig, fehlt ihm die Basis dafür, passende Kandidaten auswählen zu können. Schlicht gesagt: Er kann gar nicht angeben, wofür genau ein Kandidat gebraucht wird und in welchem Kontext exakt welche Fähig- und Fertigkeiten benötigt werden. Von weiter gehenden Überlegungen zu Wechselwirkungen mit Zielen anderer Abteilungen etc. und zukünftigen Anforderungen an die zu besetzende Position ganz zu schweigen.

Der besagte Personalchef war selbstkritisch und initiierte eine kleine Um-frage in seiner Abteilung. Dank dieser entdeckte er rasch, dass auch nur einige wenige seiner Mitarbeiter in der Lage waren, über Geschäft und Geschäftsmodell, über Strukturen und Prozesse und über formelle wie informelle Kommunikationskanäle des Unternehmens verlässlich Auskunft zu geben. Neben geschlossenen Fragen hatte er eine offene Frage formuliert, die er in einem Abteilungs-Workshop erarbeiten ließ. „Stellt euch folgende Situation vor: Ein hoch qualifizierter und erfahrener Kandidat steht für ein Interview bereit, um ihn für den Wechsel in die Forschungs- und Entwicklungsabteilung ihres Unternehmens zu gewinnen. Die Frage war: Was können wir über unser Unternehmen sagen?"

Diese Fragestellung greifen wir auf, weil sie verallgemeinerbar ist. Die folgende (unvollständige) Liste mit Hinweisen für eine Selbstbefragung im Personalbereich kann Ihnen als Checkliste dienen:

Fragen nach der Lokalisierung, der Mission, Vision, Aufgabe des eigenen Unternehmens:
- Wofür steht das Unternehmen? Worin liegt sein Zweck? Wozu leistet es einen Beitrag?
- Was macht es für wen wertvoll, dass es dieses Unternehmen gibt?
- Welches sind die relevanten Umweltsysteme für das Unternehmen? In welchen Netzwerken befindet sich das Unternehmen?
- Wodurch behauptet sich das Unternehmen auf dem Markt?
- Wie steht es in Bezug auf diese genannten Charakteristika in der Branche dar?

Fragen nach Kultur und Ethos nach innen und außen:
- Wo dominiert Ethikrhetorik? Was wird im Unternehmen davon gelebt?
- Welche Umgangsformen werden im Unternehmen gepflegt? Welche Ge- und Verbote, do's and don'ts gibt es?
- Welche Rituale werden gepflegt?

- Wie werden Kommunikation und Kooperation praktiziert? Welche Werte und Normen, ausgesprochene und unausgesprochene, gelten hier im Alltag?
- Wie ist der Stellenwert von informeller Kommunikation und informellen Netzwerken gegenüber formalen zu beschreiben?
- Welche Arbeitsphilosophien und Leistungsstandards werden hochgehalten?
- Wie und wo positioniert sich das Unternehmen im Wirtschaftsmarkt und in der Gesellschaft? Wie engagiert es sich in Gesellschaft und Kultur? Wofür tritt es moralisch ein? Welche Werte und Normen gelten praktisch in diesem Unternehmen?
- Was sollen die Mitarbeiter aller Ebenen über das Unternehmen sagen? Was die Kunden? Was der Mitbewerb?
- Wie soll sich jeder Mitarbeiter in diesem Unternehmen behandelt fühlen? Welche Formen der Flexibilität bietet das Unternehmen dem Einzelnen an?
- Welches Image strebt das Unternehmen auf dem gesamten Markt der wirtschaftenden Unternehmen an?
- Welche Positionen vertritt und praktiziert das Unternehmen bezüglich der Frage nach Nachhaltigkeit (Vereinbarkeit von Natur und Wirtschaft, Verantwortung für aktuelle und zukünftige Generationen etc.)?
- Wie werden Inter- oder Transkulturalität, Intergenerationalität und Diversität gelebt?

Fragen nach Struktur und Prozessen:
- In welcher Struktur oder welchen Strukturen und in welchen Prozessen wird im Unternehmen gearbeitet? Zum Beispiel: Ist es durchgängig zentral oder dezentral strukturiert? Gibt es eine Matrix- oder Linienstruktur? Oder gibt es zentrale Einheiten wie dezentrale Strukturen in Teilbereichen? Matrix- und Linienstruktur sowie Projektorganisation parallel?
- Wie stark wird Projektorganisation betrieben? Konfligiert sie mit anderen Strukturen und Prozessen?

- Wie sauber sind Zuständigkeiten und Befugnisse im gesamten Unternehmen geklärt?
- Welche Managementinstrumente nutzt das Unternehmen? Wofür? Werden sie systematischen Reviews unterworfen?

Fragen nach Kultur von Führung und Zusammenarbeit:
- Welche Auffassung vertritt das Unternehmen zu „guter" oder „kompetenter" Führung?
- Welche Werte und Normen stehen im Vordergrund?
- Welche Bemühungen in Führung und Zusammenarbeit werden in welcher Weise flankiert und honoriert?
- Wie werden größere Veränderungen eingeleitet?
- Was können Mitarbeiter von Vorgesetzten, was können Mitarbeiter bzw. Führungskräfte von der Personalabteilung erwarten?
- Wie werden Kandidaten ausgewählt und eingearbeitet? Wie gehen Mitarbeiter, Kollegen, Vorgesetzte auf die oder den Neue(n) zu?

Fragen nach dem Verhältnis von Personal- und Unternehmensstrategie:
- Gehen wir von einer Abhängigkeit oder Wechselbeziehung zwischen beiden aus?
- Leiten wir die Personalstrategie aus der des Unternehmens ab?
- Orientiert sich die Unternehmensstrategie an der Personalstrategie und baut die Organisation um die Personen herum?
- Arbeiten Personalabteilung und Unternehmensleitung in einer Weise zusammen, dass sie die Strategien für beide, Personal und Firma, gemeinsam erarbeiten?

Zur Anregung, wie einige der genannten Fragestellungen in praktische Personalpolitik mit dem Blick auf die eigene Attraktivität als Arbeitgeber und damit für das Recruitment umgemünzt werden können, zunächst zwei Beispiele aus der Presse.

In der Süddeutschen Zeitung vom 2./3.10.2010 berichtet Jutta Pilgram in dem Artikel: „Die Werte zählen" von der vom CRF-Institut verliehenen Auszeichnung zum Top-Arbeitgeber der Automobilbranche für vorbildliche Personalpolitik. In diesem Artikel wird eine der Gewinnerinnen zitiert, Sonja Ritter, zuständig für Business Development bei der TWT GmbH, einem Autozulieferer aus Neuhausen bei Stuttgart: „Mit so einem Etikett kann man sehr schnell viel transportieren. Es hilft uns bei der Suche nach erstklassigen Mitarbeitern."

Die wichtigsten Bewertungskriterien: Arbeitsbedingungen, Vergütung, Work-Life-Balance, Aufstiegs- und Entwicklungsmöglichkeiten, Unternehmenskultur.

„Unsere MA sollen sagen: Man fühlt sich hier wie in einer großen Familie", sagt der Personalleiter bei Fujitsu Semiconductor. Er bekennt, als „ Aufwand" dafür, „die Besten" halten und gewinnen zu können, anbieten zu müssen: Fitnessclub, Betriebskindergarten, flexible Arbeitszeiten, variable Vergütung, Sozialberatung, maßgeschneiderte Weiterbildung.

Neben diesen Beispielen, die primär soziales und emotionales Terrain abtasten, heben wir eine Thematik hervor, die für ambitiöse Kandidaten eine große Rolle spielt: die Ziel-Politik des Unternehmens. Ist es sinnvoll, Ziele, Pläne und Forecasts zu machen oder ist es besser, sich nicht festzulegen? Ist es sinnvoll, von Berechenbarkeit auszugehen oder lieber davon, dass keiner Entwicklungen vorhersagen kann? Welcher Idee neigt das Unternehmen mehr zu – und wie schlägt sich dies in der Praxis nieder?

Durch die Presse wie durch Unternehmen rauscht in schöner Regelmäßigkeit alljährlich ein spezieller Wind. Saisonal bedingt, nämlich in Zeiten der Budget- und Jahres- oder gar Mehrjahresplanungen, sind in Unternehmen Sturmböen der Entrüstung, sarkastische Verballhornungen oder der sanfte Wind resignativer Anpassung zu verzeichnen. Aufgefordert, Forecasts für ein bis fünf Jahre zu errechnen, ist zu hören: „Habe ich 'ne Glaskugel, oder was?"; „Seit wann bin ich Hellseher?"; „Was soll das eigentlich? Jedes Jahr das gleiche Spiel! Jeder weiß, dass unsere Planungen schon übers Jahr, geschweige denn über fünf Jahre gemauschelt und gemogelt sind und trotzdem diese ewige Rechnerei, die nur Zeit kostet!"

Dieses heiße Eisen, die Beziehung zwischen Planbarkeit von Zukunft und Zufälligkeit, wird nicht erst seit Talebs *„Der schwarze Schwan"* ins Feuer gehalten (Nassim Nicholas Taleb, *Der Schwarze Schwan. Die Macht höchst unwahrscheinlicher Ereignisse.* München 2008). Unter dem Titel *„Ohne Plan geht's auch"* resümiert Anna Loll eine alte Kontroverse, die immer wieder neu aufgelegt wird (*Frankfurter Allgemeine Sonntagszeitung,* 18./19.09.2010, C1).

Die Frage lautet: Führen mit oder ohne Ziele bzw. Zielvereinbarungen (dazu zählen auch Jahres-, Mehrjahresziele)? Sind Unternehmen tatsächlich auf dem Weg zu einem „Ideologiewechsel", wie Personalberater Egon Zehnder von Zehnder International es formuliert? Seine Fürsprache gilt einer Logik, die er „Beyond Bugdeting"-Logik" nennt. Mit ihr ist eine Abkehr von Zielvorgaben und Planung als linearer Abarbeitung gemeint. Die Annahme ist, dass eine gemeinsame Wertebasis und das Vertrauen in die Eigeninitiative von Mitarbeitenden genügen, um ein Unternehmen zukunftsfähig zu machen. Nach dieser radikalen Absage erscheinen „Jahresplanung, Umsatzziele, scheinbar klare Strategien und Kontrollrituale aus dem Management" als „Zeitverschwendung und schädlich", denn – so die Begründung – Strategien, Kontrollen und Ziele würden Flexibilität einschränken und die „gefährliche Illusion" von Steuerbarkeit unterstellen. Diese Argumentation ist zwar eine Steilvorlage für Differenzierung und Widerspruch. An dieser Stelle begnügen wir uns mit dem Zitat des Arbeits- und Organisationspsychologen Günter Maier von der Universität Bielefeld. Er ist davon überzeugt, dass Zielvorgaben schon deshalb nötig seien, weil „Planung und Ziele strukturierend, orientierend wirken und Ziele effektiveres Handeln" ermöglichen. Eine Ausnahme davon sei bestenfalls dann gegeben, wenn Aufgaben neuartig oder so komplex seien, dass „Leistung nicht nur von

Fleiß und Anstrengung, sondern primär abhängt von kognitiven Fähigkeiten", die etwa bei Problemlösungen benötigt werden. Und die Philosophie der Zielabwesenheit eigne sich bestenfalls in überschaubaren Einheiten. (Regina Mahlmann u. Bernd F. Pelz, *Zur Vereinbarkeit von beiden Paradigmen: Erfolgsplanung KMU. Souveräne Unternehmensführung durch systemische Erneuerung.* Leonberg 2006; dieselben, Manager im Würgegriff. Leonberg 2007; Regina Mahlmann, *Führen durch Zielvereinbarung – nur ein alter Hut?* In: *Blickpunkt: KMU* Ausgabe 1/2009, Februar, Jg. 5, S. 64-67.)

Wozu erzählen wir Ihnen das? Es ist für Personaler in Entwicklung und Weiterbildung sowie im Recruitment von ausgezeichneter Bedeutung, zu klären, welche Auffassungen von Planung und Zielen kursieren. Zur Diskussion steht außerdem, wie die Beziehung zwischen Zielen und Planung im Unternehmen begriffen und behandelt wird. Ferner sollte klar sein, welcher Stellenwert ihnen zukommt und wie sie in der Führungspraxis umgesetzt werden. Dies ist das Mindeste, über das Personaler präzise Auskunft geben können sollten. Denn es ist bekannt, dass erfahrene wie jüngere Anwärter es in der Regel verabscheuen, Ziele vor die Nase gesetzt zu bekommen. Demgegenüber wollen sie Freiräume, die beides umfassen: Zieldefinition und die Art der Ausführung (Planung und Wege). Personaler sollten über Varianten, wie die Thematik im Unternehmen gehandhabt wird, genauso Bescheid wissen wie über die offizielle Linie. Nebenbei: Gerade in Personalabteilungen wird das Paradigma des systemischen Denkens und Handelns Mantra-artig wiederholt und hochgehalten. Daher kann es keineswegs schaden, wenn sie sich selbst darum kümmern, welche Begriffe von Planung innerhalb dieses Denkens und der praktischen Unternehmensführung überhaupt noch oder neu geeignet sind, in die Zukunft zu weisen. (Planung in Begriffen der Iteration, beispielsweise, verständlich dargestellt in: Peter Kruse, *Erfolgreiches Management von Instabiltät,* Offenbach 2004.)

Die HR-Abteilung eines Autozulieferers stand vor einer besonderen Herausforderung. Mitten in einer unternehmensweiten Organisationsentwicklungsaktivität, sprich: Umstrukturierung, etablierte die Firma in einer anderen Stadt eine neue Niederlassung. Dafür suchte sie einen Leiter. Im Rahmen der Veränderungen wurden unter anderem Prozesse in der Führung und der Planung auf den Prüfstand gestellt. Da dieser Zusammenhang von Zielen, Planungsverständnis und -erfordernis, von Zielerreichungen und deren Bewertungen für die zukünftige Leitung der Niederlassung ein besonders wichtiger und folgenreicher Punkt war, beschloss die Personalchefin, der Suche nach einem Kandidaten etwas vorzuschalten. Flankiert durch einen Coach leitete sie zwei zeitlich auseinander liegende, jeweils zweitägige Workshops mit ihrer Abteilung. Sie dienten dazu, dass sich die Mitarbeitenden der Personalabteilung mit dieser Komponente von Unternehmenskultur und –politik auseinandersetzte.

Ausgestattet mit den entsprechenden Materialien wurde zunächst eine Bestandsaufnahme gemacht: Welche Traditionen haben wir in unserem Unternehmen, mit Zielen, Zielvorgaben, Zielvereinbarungen? Wie wird bei uns geplant, nicht nur im Rahmen von Projekten, sondern auch innerhalb von Abteilungen oder bei der Zusammenarbeit von Schnittstellen? Welche Schwierigkeiten und welche Streitereien treten immer wieder auf? Solche und ähnliche Fragestellungen sollten den Status Quo erheben. Im Anschluss – und nach einer Zwischenzeit von fünf Wochen – wurden Fragen erörtert, die sich auf die zukünftige Behandlung bezogen. Innerhalb der fünf Wochen war jedem auferlegt, sich via Literatur schlau zu machen und Wissen zu der Thematik anzusammeln. Auf dieser Grundlage konnten weiterführende Gesichtspunkte besprochen werden. Unter dem Vorzeichen: „Dass, was dem Unternehmen zukünftig am meisten hilft" wurden etwa diese diskutiert: Setzen wir weiterhin darauf, mit Zielen zu arbeiten? Wo eher ja – und warum, wo eher nein – und warum? Wollen wir mit Zielvorgaben arbeiten, die nur top down, von oben nach unten, laufen? Wollen wir, dass der gesamte Zielformulierungsprozess iterativ und in Feedbackschleifen von unten nach oben und wieder zurück läuft? Wo setzen wir auf die verantwortungsvolle

und eigenbestimmte Mitarbeit der Beteiligten? Wo soll Spielraum in Zielfor-
mulierung und Ausführung vorgesehen werden? Arbeiten wir nach der Philo-
sophie der fraktalen Organisation und vertrauen auf die Arbeit dezentraler
Teams? Welche Rolle spielen dabei Geschäftsleitung und die neue Leitung der
Niederlassung?

Die Ergebnisse der Workshoparbeit umfassten Zielphilosophie und daraus
abgeleitete Kodices in der Handhabung von Zielen und Planung. Unser In-
teresse gilt an dieser Stelle den Auswirkungen bezüglich Kandidatensuche
für die Niederlassungsleitung. In dieser ausgewiesenen Position brauchte
es – so die Personalchefin – eine Person, die sich in einem Umfeld behaup-
ten konnte, das in Bezug auf den Umgang mit Zielen und Planung folgende
Kernfertigkeiten verlangte: offen sein für einen Zielformulierungsprozess top
down und bottom up (Feedbackschleifen mit Korrekturchance); Zielvereinba-
rungen (Jahresziele) mit der Option, sie permanent an grundlegende Verän-
derungen anzupassen; Planung kontext- und aufgabenspezifisch ausrichten:
linear dort, wo sinnvoll, und iterativ dort, wo nötig.

Aus den Klärungen von Ziel- und Planungsverständnis schälte sich also
(unter anderem) heraus, welche Kernpunkte die Personalleiterin in das
Anforderungsprofil für die zu besetzende Stelle der Niederlassungsleitung
schreiben musste. Damit verfügte sie also über eine solide Basis für Gesprä-
che mit der zu beauftragenden Personalberatung und mit Kandidaten.

Ziele und Planung und die Art, mit ihnen in der Führung umzugehen, sind
ein bedeutendes Feld unter anderen, auf denen Personaler sicheren Schrit-
tes gehen können sollten. Im Verlauf der nächsten Abschnitte nennen wir
weitere Felder, von denen wir überzeugt sind, dass die Abteilung HR sich
auf sie ausrichten sollte.
Unser Plädoyer für eine strategisch versierte Personalarbeit postuliert
nicht nur, in der ausgeführten Weise unternehmerisch zu handeln. Im folgenden Abschnitt konfrontieren wir Personaler mit der Forderung, sich mit
Einstellungen, Haltungen, Denkweisen zu befassen, die bis dato kaum zu

ihrer Routine gehören dürften. Wie immer läuft unsere Engführung der Diskussion entlang der Thematik: Fehlbesetzungen verhindern und „die Passenden" platzieren.

2.2 Personaler üben den multiperspektivischen Blick

Eine Episode, die Frau K. im Rahmen eines Gesprächs mit Personalchef und Personalberater erzählt. Seit der Episode ist knapp ein Jahr vergangen. Damals bewarb sie sich in dem Unternehmen. Inzwischen ist sie die Leiterin des Qualitätsmanagements. Anlass für diese Erzählung war eine schriftliche Umfrage der HR-Abteilung. In dieser werden Führungskräfte, die in den letzten drei Jahren eingestellt wurden, darum gebeten, ihre Bewerbungserfahrun-

gen mit der Firma zu schildern. Einige gebetene Führungskräfte wollten das nicht aufschreiben, sondern bevorzugten das Gespräch, unter ihnen Frau K.

Der Zufall wollte es, dass der Geschäftsführer des Beratungsunternehmens, mit dem die Firma bevorzugt kooperierte, zugegen war. Frau K. war einverstanden, ihre Erfahrungen in seiner Gegenwart zu erzählen. Hier die (von ihr) ausgewählte Episode ihrer Erzählung und (von beiden autorisiert) eine knappe Zusammenfassung der darauf bezogenen Kommentare des Personalchefs.

„Ich hatte bereits über fünfzehn Minuten auf den Chef der Recruitingabteilung gewartet (heute weiß ich, dass er schon damals Chef der gesamten Abteilung war). Nachdem ich gesehen hatte, dass er fünfzehn Minuten über die Zeit war, fragte ich die Assistentin, die sich nebenan im Raum befand, wie lange es noch dauern würde. Die Verabredung sei ja bereits vor fünfzehn Minuten gewesen. Die Assistentin schüttelte bedauernd den Kopf: „Ich weiß es nicht genau, aber ich bin sicher, er wird in den nächsten Minuten eintreffen." Ich beschloss, ihm noch eine Chance zu geben, und wartete noch einmal zehn Minuten. Nach genau zehn Minuten stand ich auf und informierte die Assistentin: „Da ich weitere Termine habe, richten Sie Herrn P. doch bitte aus, dass wir gern einen neuen Termin abmachen können." Ich war gerade am Hinausgehen, als ich einen Mann um die Ende vierzig auf mich zulaufen sah. Er hielt den Kopf gerade, grinste und bat: „Ich bitte vielmals um Entschuldigung, Frau K. Sie sind doch Frau K., nicht? Es tut mir wirklich leid. Haben Sie noch Zeit für mich übrig?" Innerlich war ich ziemlich sauer; immerhin insgesamt 25 Minuten später! Gleichzeitig sagte ich mir: Na, nun sei mal nicht so. In Unternehmen kann es ja verdammt schnell dazu kommen, einen Termin nicht einhalten zu können. Ich gab mir also diesen Schubs, lächelte zurück und meinte: „Ist zwar 'n bisschen spät geworden – aber in Ordnung." Wir gingen in sein Büro und unterhielten uns lange. Interessanterweise fragte er mich zuerst nach dem, was sein Zuspätkommen in mir ausgelöst hätte. Die Frage erwischte mich überraschend, was ich auch zugab. Tja, und dann erzählte ich von der Abfolge von Gefühlen, die

mich während der 25 Minuten Wartezeit durchflutet hatten. Von „naja, fünf Minuten hin oder her" über „also jetzt ist dann aber gut" bis „unverschämt, mich uninformiert so lange warten zu lassen" und dann der Übergang in die Reflexion, als er mich fragte, ob ich noch Zeit für ihn übrig (!) hätte.

Kommentare Personalchef zu dieser Episode: Ich war froh, sie noch erwischt zu haben! Auch wenn es nicht gerade politisch oder moralisch korrekt erscheinen mag: Ich lasse Kandidaten für Führungsjobs durchaus ein wenig, normalerweise bis zu zehn Minuten, warten. Ich möchte sehen, wie sie mit der Situation umgehen. Allerdings möchte ich sie ausnahmslos immer persönlich noch antreffen, um mit ihnen über diese Erfahrung zu sprechen. Deshalb war ich wirklich außer Atem, als ich zu Frau K. kam, denn ich war über zehn Minuten zu spät. Das war mir sehr peinlich. Immerhin ist die Wahrscheinlichkeit groß, dass die Anwärter sich geringgeschätzt fühlen und wutschnaubend abziehen. Das ist aber gar nicht meine Absicht. Und ich will auch nicht prüfen – wie es Kollegen mit einem solchen Szenario gern tun –, ob ein Kandidat von seiner Persönlichkeit her geduldig ist oder nicht und deshalb wartet oder nicht. Er könnte ja wirklich noch einen Anschlusstermin haben etc. Nein, meine Absicht bei dieser kleinen Unhöflichkeit – als solche betrachte ich die zehn Minuten – ist diese: Ich möchte die Person in dem persönlichen Gespräch etwas näher kennenlernen; dazu gehört für mich auch, mit welcher Haltung sie ein geringfügiges Zuspätkommen sieht. Wissen Sie, ich kenne ja unser Unternehmen und auch die Pünktlichkeitskultur, mit der es nicht zum Besten steht. Ich möchte den Kandidaten oder – wie bei Frau K. – die Kandidatin einladen, mit mir darüber zu sprechen, wie sie sich fühlte, was in ihr vorging, welche Deutungen der Situation und meines Verhaltens sie durchspielte, während sie wartete. Wann erlebe ich schon einmal im Kontakt mit einer Kandidatin oder einem Kandidaten einen solch unmittelbaren Grad an Authentizität im direkten Anschluss an eine Situation, die das Selbstwertgefühl durchaus angreifen kann?!"

Selbstverständlich kann man das Herangehen des Personalchefs durchaus kritisieren und debattieren, ob es nicht alternative Praktiken gibt, die denselben Zweck erfüllen. Der Zweck heiligt bekanntermaßen nicht die Mittel. Angesichts des Umstandes, dass es sich im Normalfall um zehn Minuten handelt, unterlassen wir an dieser Stelle die Frage, inwiefern das Verhalten ethisch einwandfrei war oder gutzuheißen ist. Dies zumal der Personalchef im anschließenden Gespräch diese Zehn-Minuten-Karte offen auf den Tisch legt. Lenken wir unsere Aufmerksamkeit auf seine Intention.

Er versuchte, etwas zu tun, das in der Praxis der Kandidatengespräche noch Mangelware ist: Er war bemüht, Kandidaten nicht nur als Funktionsträger zu sehen, sondern auch Aspekte ihrer Persönlichkeit zu erfassen, die sich jenseits davon befinden und gleichzeitig Auswirkungen auf das Verhaltensspektrum eines Menschen haben. Diese „Jenseits-Perspektive" dient dazu, Bestandteile der Persönlichkeit aufzuspüren, die nicht unmittelbar mit den fachlichen Anforderungen zu tun haben, sondern damit, wie sich die Person „als Mensch" darstellt, wie sie denkt, fühlt und handelt. Der Versuch zielt darauf, subjektive Grundannahmen und Grundmotivationen, Haltungen und Einstellungen aufzudecken, die gewissermaßen die Farbe der Brillengläser definieren, durch die ein Mensch die Welt sieht und deutet und darauf sein Handeln und Verhalten gründet. Bezogen auf das obige Beispiel etwa: Nach Maßgabe welcher Annahmen, Deutungen und Gefühle reagiert ein Kandidat, den man über Gebühr in einer Situation warten lässt, die für ihn besonders bedeutsam ist? Der Personalchef griff zu den zehn Minuten Verspätung als einem Mittel, um sich und die Kandidatin davor zu schützen, in Reiz-Reaktions-Fallen hineinzufallen. Er nutzte das anschließende Gespräch, um automatisch ablaufenden psychischen Prozessen wie Halo-Effekt, Pars pro toto und anderen Quasi-Selbstläufern, von denen in Kapitel 1 einige zur Sprache gekommen sind, keine Chance zu geben. Seine Absicht zielte darauf, im Gespräch mit der Kandidatin Näheres über sie zu erfahren und ihr die Gelegenheit einzuräumen, ihn zu erleben und zu befragen. Deshalb inszenierte er eine Erfahrungssituation, von der er ein Teil war, und lud die Kandidatin ein, in einer ungewohnten Weise über dieses Erlebnis zu sprechen. Das ist zwar noch bescheiden „multiperspektivisch" – zwei Perspektiven werden eingenommen: die eigene und die des Kandidaten. Aber immerhin ist das ein Fortschritt im Vergleich zu jenen Personalern, die nach der Devise handeln: Ich komme – ich sehe – ich urteile. Basta. Dieser Personalchef war bemüht, dem Urteil etwas vorzuschalten: Zuhören, beobachten, dialogisieren (einschließlich Fragen) und erst dann vorsichtig Wertungen oder Urteile formulieren und diese im Zwiegespräch überprüfen.

Wir kennen andere Personaler, die sich im Verfahren des narrativen Interviews einen Tag Zeit nehmen für einen Kandidaten. Sie wechseln die Szenerien des Gesprächs und mit diesen die Themen. (Dazu in Kürze ausführlich.) Das Multiperspektivische umschließt außerdem und neben Personaler- und Kandidatensicht die des Unternehmens und der jeweiligen Abteilung. Bevor wir Erfahrungen damit beschreiben, erst einmal ein Beispiel, das illustriert, worum es einer kompetenten Personalabteilung im eingangs gemeinten Sinn geht: Ein entscheidender Schritt ist der vom Stereotypischen und damit vom Werten und Rechthabenwollen zum Heterogenen und damit zum Wahrnehmen und Tolerieren, Bemerken, Stehenlassen des Verschiedenen.

Die HR-Leiterin eines großen Architektur- und Ingenieur-Unternehmens, das in verschiedenen europäischen Ländern Niederlassungen hatte, berichtete von einer Erfahrung in ihrem Unternehmen, die sie sehr geprägt habe: Das Unternehmen expandiere zurzeit außergewöhnlich stark. Deshalb sei sie fast ständig auf der Suche nach fachlich brillanten Projektleitern. Innerhalb der letzten knapp eineinhalb Jahre habe sie allerdings öfter „völlig daneben gelegen". Das sei ihr mehr als peinlich gewesen. Die „Fehlgriffe" habe sie zum Ausgangspunkt genommen, um „einmal gründlich darüber nachzudenken, wie ich vorgegangen bin und was ich in Zukunft besser machen kann". Als Sparringpartner wählte sie einen ihr gut bekannten weiblichen Coach. Ein Ergebnis dieser Überprüfung habe sie verblüfft. Sie habe immer gedacht, offen und ohne Vorurteile Kandidaten zu begutachten – das sei ein Irrtum gewesen. In der Reflexion habe sie gelernt, eigene Stereotype zu erkennen. Außerdem sei ihr klar geworden, dass sie Erscheinung, Worte, Gesten, Mimik der Kandidaten ausschließlich nach ihrem eigenen Koordinatensystem gedeutet zu haben. Diese Deutungen wiederum habe sie nicht im Gespräch mit den Kandidaten überprüft, sondern als Fakten behandelt. Die weitere Überlegung sei in Richtung ihrer Mitarbeiterinnen und Mitarbeiter gegangen: „Wenn mir das passiert, dann auch denen – schließlich ticken wir alle ähnlich." Daraufhin habe sie das Recruiting für einen Monat eingestellt und stattdessen in der HR-Abteilung Nabelschau betrieben. Dies allerdings mit der Absicht, dem Unternehmen in der Personalauswahl dienlicher als bisher zu sein. Was hatte sie getan?

Gestärkt durch die Erkenntnisse konzipierte sie eine Art „Crash-Kurs", den alle Personalmitarbeiter, die mit Recruiting und Entwicklung zu tun hatten, absolvierten. Das Motto lautete: „Betrachten ohne werten und aus verschiedenen Perspektiven." Die Personalchefin gliederte die interne Weiterbildungsmaßnahme in Aufgaben und Übungen, die teils in Einzelarbeit und teils im gesamten Team geleistet wurden.

Alle Aufgaben drehten sich um diese Ziele:

1. *Die Fallen der eigenen Vorurteile erkennen: Wann rastet das Schloss ein, mit dem der Kandidat in ein Zimmer eingesperrt wird?*
2. *Was kann jeder von uns tun, um weniger voreingenommen zu sein?*
3. *Wie können wir es zur Routine machen, viel stärker als bisher auf Kandidaten einzugehen und auf Kontextfaktoren zu achten, wenn wir mit Kandidaten reden?*
4. *Welchen Stellenwert räumen wir Tests und anderen eignungsdiagnostische Instrumente ein?*

(Zu einem späteren Zeitpunkt kümmern wir uns uns eine weitere Frage:
5. *Was können Regeln sein, die wir beachten, wenn wir mit Kandidaten aus fremden Kulturkreisen zu tun haben?)*

Das war ein anspruchsvolles Programm. Die Resultate dieser Arbeit sind ebenso verallgemeinerungsfähig wie die ihr folgenden Praktiken. Besonders einschlägige Konsequenzen führen wir gesondert in den nächsten Unterkapiteln aus. Deshalb beschränken wir uns hier auf das große Bild und den roten Faden – wieder entlang unseres Horizonts „Fehlbesetzung vermeiden – die Geeigneten finden".

Das große Bild startet bei dem Verständnis, das die Personalabteilung bezüglich Recruiting von sich im Unternehmen hat. Die Initiative der zitierten Personalchefin fand ihren Ausgangspunkt in einer von ihr festgestellten Diskrepanz: Mehrere Fehlbesetzungen einerseits und andererseits der Anspruch, zum Unternehmenserfolg durch die Platzierung geeigneter Kandidaten beizutragen. In dieser Funktion wenig Angriffsfläche zu bieten – darin liegt der Ehrgeiz. Und auch das Ziel.

Wie die Kontroverse um anonyme Bewerbungen illustriert (siehe Kapitel 1), ist es gerade für Personaler sinnvoll, bei sich selbst anzufangen, also erst einmal Selbstreflexion zu betreiben. Die Fragestellungen kreisen um Kernpunkte im eigenen Welt- und Menschenbild, um berufliche Identität und berufliches Selbstverständnis, um eigene Vorurteile und Klischees, um Präferenzen und Aversionen und weitere Facetten in Wahrnehmung und Beurteilung eigenen Verhaltens und anderer Personen. Zu dieser Selbstkenntnis gehört ferner ein Wissen darüber, wo die eigenen wunden Punkte sind – die „Knöpfe", auf die ein anderer Mensch beabsichtigt oder nicht drücken muss, damit ich emotional bis nicht sachlich dienlich zu reagiere. Diese Selbstreflexion ist so wichtig, weil sie die Chance bietet, sich über implizite, über vorhandene und wirksame, aber selten bewusste Schablonen und Empfindlichkeiten klar zu werden. Sie liegen oder lauern im Hintergrund und brechen sich unkontrolliert Bahn. Ein Beispiel dazu:

Der sehr erfahrene HR-Chef eines Werkmaschinenbauers wurde im Unternehmen von vielen geschätzt, von fast ebenso vielen Mitarbeitern aus unterschiedlichen Abteilungen und hierarchischen Stufen allerdings gleichzeitig

ein bisschen gefürchtet. Geschätzt wurde er, weil er als strukturiert, gerade-
aus, durchsetzungsstark galt. Gefürchtet wurde er, weil er von einer Sekun-
de auf die andere und insofern unerwartet „ausflippen" konnte. Und zwar
dann, wenn er entweder auf eine Person stieß, die er – gemessen an seinem
Selbstbild und an seinem vermeintlichen Denktempo – als geistig schwerfäl-
lig erlebte. Oder wenn er mit Personen diskutierte, die eine komplett andere
Auffassung vertraten als er.

Nachdem beim CEO massive Beschwerden eingegangen waren, ermutigte die-
ser den HR-Chef, für sich einen Coach zu engagieren. In den Gesprächen
wurden einige „blinde Flecken" und nicht bewusste „Knöpfe" thematisiert.
Bezogen auf die Verärgerung bei Leuten, die im Denken langsamer als er
waren, und in puncto abweichende Meinungen folgten der Erkenntnis Taten.
Der HR-Chef achtete auf Frühzeichen, die Verärgerung und ein aggressives
Verhalten ankündigten. Dadurch gelang es ihm, sich besser zu kontrollieren
und seinem Ärger anders als bisher Luft zu machen – in konstruktiver Weise.
Außerdem arbeitete er daran, seine Haltung zu verändern und die vermeint-
lichen Langsamdenker nicht als Trottel abzustempeln, sondern wertzuschät-
zen, dass diese nachfragenden Personen dies aus ehrlichem Interesse taten.
Schließlich könnten sie einfach ein Jaja sagen und allem Ärger aus dem Weg
gehen. Und drittens lenkte er seine Aufmerksamkeit bei Kontroversen auf
den sachlichen Kern und weg von seiner Persönlichkeit. Er hatte nämlich
sehr wohl erkannt, ein wenig selbstverliebte Züge zu haben, zu glauben über
allem und jedem zu stehen und schon deshalb über das beste Argument zu
verfügen. Es gelang ihm zunehmend einzuräumen, dass es Menschen gab,
deren Argumentation tragfähiger war als seine. Die Kür bestand für ihn dar-
in, wie er schmunzelnd eingestand, diesen Tatbestand zu begrüßen und statt
in Kategorien von Über- und Unterlegenheit in solchen des Vorankommens
und der Zieldienlichkeit von Beiträgen zu denken.

Im Einklang mit den Erkenntnissen aus den Humanwissenschaften: Kein
Mensch kennt in jedem Augenblick sämtliche Bestandteile der Matrize, die
all seine Empfindungen und Äußerungen prägen. Anstatt das zu bedauern,

gilt es, dieses Faktum zu respektieren. Vor allem in entscheidenden Situationen. Insofern sollten gerade Personaler, die an der Kandidatenselektion beteiligt sind, Selbstbeobachtung und das Nachdenken über ihre inneren Automatismen und blinden Flecken mitlaufen lassen. Ziel wäre, das Bonmot des „Sie wissen nicht, was sie tun" zu ersetzen durch: „Sie wissen im Wesentlichen und in den Kernpunkten, was sie warum tun" – immer mit Blick auf die Absicht, Wahrnehmungen beschreiben und Deutungen, Wertungen und Urteilsbildung mit Gründen untermauern zu können.

Diese Perspektive von Personalexpertinnen und -experten sowie der Personalabteilung auf sich selbst ist sukzessive um weitere Sichtweisen zu bereichern. Naheliegenderweise um die des Kandidaten. Da wir in Kapitel 2.4 darauf eingehen, vor welchem Vorzeichen Personalentscheider, Personaler und Führungskräfte, sich mit Kandidaten beschäftigen sollten, konzentrieren wir uns jetzt auf die unmittelbare Interaktion von Personaler und Aspirantin oder Aspirant. Sowohl in der Vorbereitung von Gesprächen als auch während der Gespräche mit Kandidaten plädieren wir für einen Perspektivenwechsel: Die Personalerin oder der Personaler nimmt die Perspektive des Kandidaten ein. Zunächst aus nur einem Grund: um den „Prüfungseffekt" ins Bewusstsein zu schleusen. Zwar unterscheiden sich Berufseinsteiger von jenen, die bereits über einige Jahre beruflicher Erfahrung verfügen, und diese wiederum von den Profis darin, wie stark die Bewerbungssituation als Prüfung erlebt wird und wie der Kandidat dieses Erleben in Verhalten ummünzt.

Gleichwohl gilt: Ein Bewerbungsgespräch ist eine spezielle Situation, in der kaum bis kein routiniertes Verhalten gelernt werden kann, weil Kontexte und Konstellationen sich wandeln. Kandidat wie Personalentscheider verfallen zuweilen der Annahme, ein Bewerbungsgespräch sei wie das andere, also Routine. Diese Einstellung ist heikel. Denn das Gespräch findet zwar aus ein- und demselben formalen Anlass „Bewerbung" statt. Allerdings innerhalb sich ändernder Rahmenbedingungen und Personenkreise, deren innere Programmierung unbekannt ist. Jedes Mal von Neuem sind die Gesprächsteilnehmer einander Black Boxes. Unabhängig von der angenommenen Vertrautheit mit der Situation empfehlen wir: Personaler sollten die Perspektive wechseln – mit Blick auf die Besonderheit der Situation für den Kandidaten. Dieser wird beobachtet und abgetastet und weiß das auch. Bei Berufseinsteigern ist zudem zu berücksichtigen, dass es normalerweise der Kandidat ist, der zu Nervosität neigt – und deshalb verbal und nonverbal ab und zu „unpassend" reagieren mag. Bei gestandenen Managern, versierten Experten oder High Potentials sind es häufig die Personalentscheider, die nervös sind – schließlich wollen sie einen so gewinnenden Eindruck machen, dass die Gewünschten ins Unternehmen eintreten wollen. (Siehe Kapitel 2.4) In jedem Fall verändert sich der Deutungsrahmen, sobald der Interviewer die gesamte Situation mit den Augen des Kandidaten zu sehen versucht. Dazu folgendes Beispiel:

Die Leiterin des Competence Centers Recruiting und die Beraterin der beauftragten Personalberatung hatten im Verlauf der vergangenen drei Tage insgesamt vier Kandidatinnen und Kandidaten interviewt. Zu besetzen war die Position der stellvertretenden Verlagsleitung. Unter den Anforderungen waren ihr besonders wichtig: mindestens vier Jahre Erfahrung in der Branche und Leitungserfahrung, da zu den Aufgaben auch disziplinarische Führung gehörte. Die Leiterin hatte aus nachvollziehbaren fachlichen Gründen bereits zwei Anwärter ausgeschlossen und konzentrierte das Gespräch auf die zwei verbliebenen. Die fachliche Eignung schien ihr außer Frage zu stehen, sodass sie gleich auf den Punkt kam, der ihr am Herzen lag: Die Kandidatin schien ihr etwas „arrogant" und „irgendwie nicht stimmig", und der Kandidat sei etwas zu sehr davon überzeugt gewesen, mit schwierigen Führungssituationen klarzukommen. Das Gespräch kreiste zunächst um die Kandidatin. Die Beraterin fragte, was genau die Personalerin als „arrogant" und „irgendwie nicht stimmig" wahrgenommen habe. Diese führte als Indizien an: Wie die Kandidatin sich gegeben habe; sie habe öfter an Stellen gelacht, „wo nichts witzig" war, an anderen wieder habe sie so viele Nachfragen gestellt, „dass ich mich fragte: Bin ich so ungeschickt oder ist sie schwer von Begriff?"; wieder an anderen sei sie voller Entschiedenheit gewesen, zum Beispiel bei der Frage, wie sie sich als neue Leiterin einführen würde. Nachdem Leiterin und Beraterin gemeinsam eingefangen und konkretisiert hatten, woran genau sich die Deutungen „arrogant" und „nicht stimmig" entzündet hatten, schlug die Beraterin weitere Deutungsmöglichkeiten vor. Dabei betonte sie die Besonderheit der Bewerbungssituation und ermunterte dazu, einen Perspektivenwechsel vorzunehmen. Die Kandidatin hatte nämlich kaum Erfahrung mit Bewerbungsgesprächen (sie hatte sich erst ein Mal bewerben müssen) und fühlte sich zudem so unwohl an ihrem aktuellen Arbeitsplatz, dass sie sich selbst Druck auferlegte nach dem Motto: „Das muss jetzt klappen!" Aus dieser Perspektive und in diesem Kontext verlagerte sich die Deutung der Leiterin von „arrogant" und „irgendwie nicht stimmig" auf: „nervös und daher alles richtig machen wollend". Die Leiterin konnte das Verhalten der Kandidatin einigermaßen nachvollziehen.

Folgen: Sie fühlte sich nicht mehr von oben herab behandelt (übrigens ein Anlass, um über ihr eigenes Selbstwertgefühl nachzudenken). Zudem wurde ihr verständlicher, wie die Nachfragen motiviert waren: „Sie wollte mich so genau wie möglich verstehen, um eine möglichst richtige Antwort zu geben." – Beim Kandidaten hatte sie gestört, mit welcher Überzeugung er behauptete, mit schwierigen Führungssituationen zurechtzukommen – gestört, weil er zu wenig nachgefragt hatte, worin die denn in der Verlagsleitung genau bestehen würden. Wieder inszenierten die beiden Frauen den Perspektivwechsel.

Das Resultat: Der Kandidat war seit knapp sechs Jahren bei einem Verlag, der in der Branche für die schlechte Stimmung in den Verlagsbereichen bekannt war. Außerdem war der Kandidat für einen Wechsel hochgradig motiviert, weil er aus privaten Gründen die Stadt wechseln wollte. Insofern wurde verständlich, aufgrund welchen Beweggrundes und aufgrund welcher Erfahrungen der Kandidat mit einer außergewöhnlichen Selbstsicherheit behauptete, schwierige Führungssituationen bewältigen zu können.

Anmerkung: Die Leiterin machte es sich und ihren Mitarbeitenden zur Pflicht, in der Nachbetrachtung von Kandidatengesprächen eigene Deutungen systematisch zu befragen und kritisch zu überprüfen. Positive wie negative – denn Stereotypen und Voreingenommenheit, Halo-Effekt, Pars pro toto & Co wirken in beiden Fällen.

Im Kontext der Kandidatensuche wird mit vorhersagbarer Regelmäßigkeit eine dritte Perspektive in der Form einer Frage eingeführt: Wie gut passt der Kandidat bzw. die Kandidatin ins Team? Eher selten wird das Team selbst befragt. Meistens überlegt der zuständige Personaler das allein, weil er meint, seine Schäflein gut zu kennen (siehe Kapitel 1). Es gibt auch Führungskräfte, die als Repräsentanten ihres Teams auftreten und bei Kandidatengesprächen dabei sind, um die Teamperspektive zu vertreten. (Zum Gespann Personaler und Führungskraft im anschließenden Abschnitt Genaueres.) Die Erfahrung zeigt: Die Irrtumswahrscheinlichkeit von Personalern, die Frage nach dem Passen allein zu beantworten, liegt relativ hoch.

Der CFO eines Produktionsunternehmens beschwerte sich in einer Geschäftsleitungssitzung über den Chef des Personalrecruitings und der Weiterbildung: Dieser habe in der Unterabteilung Rechnungswesen einen „Typen" eingestellt, der vielleicht zum Personal passe, aber doch nicht in die Finanzabteilung! Der Neue schiele ständig zum Betriebsrat – „wegen der Überstunden und Wochenendarbeit, die wir zur Zeit schieben. Ist ja nur die Ausnahme, weil wir die Präsentationen der neuen Zahlen für die Holding vorbereiten müssen. Meine Leute kennen das. Einige sind schon ganz genervt von den Fragen, die der Neue andauernd stellt. „Kommt das oft vor, dass wir soviel arbeiten müssen? Wie lange wird das denn noch dauern? Das Unternehmen hat doch eine Fürsorgepflicht für seine Mitarbeiter. Ob das alles nicht besser organisiert werden kann. Wo denn die work-life-balance bleibt, die ihm bei seiner Anstellung versprochen worden ist – lauter so ein Zeug! – Wir haben uns im Team immer arrangiert, keiner hat rumgemuckt, weil er weiß, was auf dem Spiel steht und dass die Überstunden immer in dieser Zeit anfallen.

Und dass es nach dieser Zeit für alle den Ausgleich gibt, den wir ja durchaus großzügig auslegen!"

Der HR-Chef sah ein, die abteilungsinternen Gepflogenheiten und Haltungen zu wenig zu kennen. „Der Neue" passte nicht in das Team, dessen Stärke unter anderem darin lag, auf unternehmerische Erfordernisse flexibel zu reagieren und voller Vertrauen zu sein, dass die eigene Bereitschaft zu Mehrarbeit nicht nur nicht ausgenutzt, sondern ausgeglichen würde. Der HR-Chef zog eine allgemeine Konsequenz: Er stellte keinen Mitarbeiter mehr ein, ohne dass der bzw. die Vorgesetzte seinen bzw. ihren Segen gegeben hatte. Sobald Personalberater beauftragt wurden, ermunterte er die Vorgesetzten, bereits in dem ersten Gespräch mit den Beratern dabei zu sein, um aus ihrer Sicht wichtige Inputs zu geben.

Das Risiko der Fehlbesetzung minimiert sich, wenn die Führungskraft mit im Boot sitzt, weil sie aus der Erlebniswelt des Arbeitsalltags und seiner Anforderungen schaut und Kandidaten daraufhin befragen und prüfen kann. Dass auch dies zuweilen nicht genügt, zeigt der folgende Fall. Er illustriert eine Leitungseinstellung, die vorzugsweise jene Manager entwickeln, die als hervorragende Fachkräfte in Führungspositionen befördert wurden. (Dazu Kapitel 1.)

Der Anzeigen- und Verkaufsleiter hatte mit hoher Fluktuation in seinem Team zu tun. Zu allem Überdruss hatte seine Stellvertreterin ebenfalls gekündigt. In seinem Team, bestehend aus zwölf Personen, war er nicht unumstritten. Die Mehrheit – seit einigen Jahren dabei – vertrat die Auffassung, nicht er, sondern sie sollten die Leute aussuchen, die neu ins Team kommen sollten. Diese Mehrheit forderte zudem, auch an der Suche nach einer neuen Stellvertretung beteiligt zu werden. Das lehnte der Leiter rigoros ab. Als Begründung führte er ins Feld, er sei schließlich verantwortlich für die Leistungen des Teams; er kenne das Geschäft und die Anforderungen aus dem Effeff und überblicke das Gesamte besser als die Teammitglieder und seine Stellvertretung suche er schon selber aus, denn vor allem er müsse mit ihr arbeiten.

Außerdem sei ja die Personalchefin dabei. Die würde die Teaminteressen schon vertreten, wenn sie – die Teammitglieder – ihm das nicht zutrauten. – Nun ja, als Stellvertreterin wurde eine Person mit viel Erfahrung und beachtlichen Erfolgen im Verkauf geholt – allerdings eignete sie sich keinesfalls dazu, als Korrektiv in der Teamführung zu wirken.

In dem gerade skizzierten Fall wäre es wünschenswert gewesen, dass sich die Personalchefin dezidiert als Beraterin begriffen und resolut verschiedene Perspektiven und Beurteilungskategorien in die Diskussion geworfen hätte. Anders gesagt: Als wertvoller und verantwortungsbewusster Tandempartner wäre es ihr ein Anliegen gewesen, mindestens die Perspektice der Manager und die Perspektive des Teams offen zur Sprache zu bringen sowie die Kandidatenfrage in den Kontext des unternehmerisch Nötigen zu stellen. (Zur Tandem-These siehe Kapitel 2.3)

In diesem Zusammenhang sei auf eine Bereitschaft und Fähigkeit hingewiesen, die Personaler mit dem Selbstverständnis als Tandem- und Businesspartner mitbringen müssen, die darauf bestehen, unterschiedliche Sichtweisen einzunehmen: Konfliktbereitschaft und konstruktive Konfliktkompetenz. Diese werden zwar als Schlüsselkompetenzen propagiert (Regina Mahlmann, *Konflikte managen. Psychologische Grundlagen, Modelle und Fallstudien.* Weinheim, Basel 2000). Dennoch hapert es in der Praxis häufig, auch bei Personalern. Das ist durchaus nachvollziehbar. Die Positionierung als Berater auf Augenhöhe garantiert ja keinen Kuschelkurs. Im Gegenteil. In der Metapher des Tandempartners – denken Sie etwa ans Paarfallschirmspringen – gilt es als Bedingung der Möglichkeit, den geeigneten Kandidaten zu finden, dass beide Personen korrigierend eingreifen können. Sachte und so, dass der andere mitziehen kann. In der Praxis der Kandidatenauswahl geht es zwar nicht um Leben und Tod, aber um Entscheidungen, die unter Umständen große und oft genug ungeahnte Auswirkungen zeitigen, die unerwünscht bis schädlich sein können. Selbst bei einem funktionierenden Tandem geht dies kaum ohne Konflikte, und zwar dann nicht, wenn Interessen auseinanderklaffen. Denn auch wenn der Personaler seine Interventionen wohlwollend gegenüber der Führungskraft oder/und dem Kandidaten meint und gleichzeitig beabsichtigt, im Sinn des Unternehmens weiterführend zu agieren – sobald die suchende Führungskraft „ganz anderer Meinung" ist und „ganz andere Bedürfnisse" hat, ist eine konflikthafte Auseinandersetzung programmiert. Zum Geschäft von Personalerinnen und Personalern gehört damit zwangsläufig, dass sie sich dieses Risikos bewusst sind, dass sie es einzugehen bereit sind – und dies in einem konstruktiven Geist, in dem es keine Verlierer und Gewinner gibt. Das Jonglieren mit professionellen Werkzeugen (zum Beispiel das Anwenden eines systemischen Konfliktverständnisses) gehört zum Geschäft.

Kehren wir zurück zur Vielfalt von Perspektiven. Es gibt durchaus Personaler, die sich weiter vortrauen. Sie zeichnen sich nicht nur dadurch aus, den Habitus des Besser- oder Am-besten-Wissens abzulegen, sondern auch dadurch, ihre Erkenntnisgrenzen ernst zu nehmen. Sie binden die oben genannten Perspektiven aktiv ein, also die der suchenden Führungskraft, die des oder der Kandidaten, die des Teams oder der Abteilung und die der Personalentwicklung, sofern sie Kandidaten auch aus strategischem Blickwinkel betrachtet und damit der unternehmerischen Mitverantwortung nachkommt.

Ein wenn auch sehr spezieller Fall prägte sich uns besonders ein, weil hier ein Personalentscheider die Grenzen seiner Erkenntnismöglichkeiten einsah, sich anderen Perspektiven öffnete und dies in seinem Verhalten zum Ausdruck brachte.

Ein langjähriger Kunde der Personalberatung nahm die Kandidatenauswahl immer wichtiger. Der Grund: Sein Unternehmen war spezialisiert auf Serviceleistungen in Marktforschung (Print, online, new social media etc.), PR und Marketing sowie auf inhouse-Schulungsmaßnahmen in diesen Bereichen in der Medienbranche. Es expandierte rasant und entwickelte sich zu einem kleinen Imperium. Die Hierarchie blieb mit insgesamt vier Führungsebenen flach; Projekt- und Matrixorganisation überwogen in den Profit-Centern; nur in der Zentrale gab es eine reine Linienstruktur.

Gesucht wurden in den Niederlassungen High Potentials frisch von der Universität, um stets an den neuesten Entwicklungen ansetzen zu können. Außerdem waren einige Leitungsfunktionen und Trainerpositionen für die Schulungen zu besetzen. Der Bereich HR war eine der zentralen Einheiten. Die Spezialität des Unternehmens: Der Gründer stellte in Personalunion den HR-Chef. Verständlicherweise legte er Wert darauf, bei der Auswahl ein entscheidendes Wörtchen mitzureden. Bei einem Mittagessen, zu dem er den Chef der Personalberatung eingeladen hatte, ging es um die Grenzen, an die er bei dem „entscheidenden (!) Wörtchen" zunehmend stieß. Ihm war nämlich leidvoll bewusst geworden, dass er im Unternehmen nicht mehr eine Kultur hatte, sondern viele Kulturen, besonders klar in den Niederlassungskulturen. Damit meinte er, dass in den Profit-Centern unterschiedliche Teilkulturen herrschten und er nicht mehr über den Einblick in das jeweils Besondere verfügte. Einige Fehlgriffe hatten ihn damit konfrontiert.

Die Lehre, die er daraus zog, war diese: Nicht mehr im Alleingang, sondern im Einverständnis mit den Leiterinnen und Leitern der Niederlassung verabredeten sie folgendes Verfahren: Wenn Leitungspositionen zu besetzen waren, sollten die Leitungen der Niederlassungen maßgeblich an der Kandidatensuche beteiligt werden. Sie sollten ab sofort das Anforderungsprofil schreiben und an allen Schritten der Suche und Prüfung teilnehmen. Wurde ein Mitarbeiter oder eine Mitarbeiterin ohne Führungsaufgabe gesucht, sollte das betroffene Team, in das der oder die Neue integriert werden sollte, an dem Text der Ausschreibung mitformulieren. Leitung und Team sollten sich zusammensetzen, um zu bündeln, welche Anforderungen sowohl in fachlicher als auch in sozialer und persönlicher Hinsicht erfüllt werden mussten. Diejenigen Kandidaten, die in die engste Auswahl kamen, sollten die Möglichkeit erhalten, mindestens einen Tag und längstens eine Woche lang in dem prospektiven Team zu verbringen. Nur auf diese Weise sahen er und seine Niederlassungsleiter die Möglichkeit, einigermaßen zu gewährleisten, dass die Perspektive des Teams zur Geltung kommen und auch der Kandidat beurteilen konnte, ob er passen würde. – Nebenbei sei noch erwähnt, dass er seine Personalunion abgab und einen Personalexperten einstellte.

Ein mutiger Schritt! Der Grunder und HR-Chef hatte auf die Erkenntnis reagiert, nicht mehr zuverlässig beurteilen zu können, wer ein passender Kandidat wäre. Und er berücksichtigte drei weitere Perspektiven: die der Niederlassungsleitung, die des jeweiligen Teams und die des Kandidaten (dazu in den Abschnitten 2.4 bis 2.6 weitere Anregungen). Statt Alleinentscheidungen schlug er den Weg von Partizipation und des Übernehmens unternehmerischer Mitverantwortung ein.

Widmen wir uns nun dem Interaktionsgeflecht, in dessen Mittelpunkt der Kandidat steht. Personaler, die multiperspektivisch an die Kandidatensuche und -auswahl herangehen, legen großen Wert darauf, den Kandidaten näher kennenzulernen. Also ist ihnen daran gelegen, mit ihm rege zu interagieren. Doch nicht nur sie allein. Diese Personaler sorgen zusätzlich dafür, dass Kandidat und die direkt Betroffenen sich begegnen können. Dies zu initiieren, ist eine Aufgabe des Personalers, die meistens in einer bestimmten Abfolge vorbereitet wird. Sofern die oder der prospektive Vorgesetzte nicht schon von Beginn der Gespräche einbezogen ist und der Personaler allein mit dem Kandidaten zu tun hat, sucht er in einer ersten Phase intensiv den kommunikativen Austausch. Dabei erweitert, prüft und vertieft er seine eigene Beurteilungsgrundlage. Danach öffnet er den personellen Horizont mindestens um die oder den Vorgesetzten und idealerweise um alle Personen, die im Fall der Einstellung im Alltag kooperieren müssten. Erst die vielseitige Auseinandersetzung mit dem Kandidaten (und dieser mit den Akteuren) ermöglicht so etwas wie „Passungsstudien am lebendigen Subjekt". Diese Studien betreiben nicht nur Personaler, Vorgesetzte und Kollegen. Immer auch prüfen Kandidat oder Kandidatin, ob sie passen bzw. die anderen zu ihm oder ihr passen könnten.

Der Leiter der Abteilung Spieleentwicklung eines Spieleherstellers suchte ein Teammitglied. Gemeinsam mit der Personalerin hatte er sich eine Kandidatin ausgesucht. Doch er war sich nicht völlig sicher, ob das vorwiegend männliche Team eine Frau respektieren würde. Deshalb fragte er die Kandidatin, ob sie damit einverstanden awi, einmal einen Tag mit dem Team zu verbringen. Die Kandidatin stimmte zu, zumal auch sie ihre möglichen Kollegen und das Teamklima kennen lernen wollte und ohnehin um einen solchen Besuch gebeten hätte. (Für die Romantiker unter den Lesern: Das Beschnuppern und Hineinschnuppern verliefen erfolgreich.)

Wie erwähnt, sind Personaler zunächst auf sich gestellt und treffen sich mit den Kandidaten ohne Führungskraft. Meistens haben sie dann die Order, „vorzufühlen" und zu sortieren. Wollen sie dies verantwortungsvoll tun und den Kandidaten möglichst gut erfassen, hat sich eine bestimmte, oben bereits erwähnte Praxis bewährt: das narrative Verfahren oder narrative Interview. Personaler, die eine Erstbeurteilung mit möglichst viel Unterfütterung aus dem Leben des Kandidaten abgeben möchten, bevorzugen diese Gesprächsart, die bis zu einen Tag dauern kann.

„Narrativ" meint erzählend, und das narrative Interview zeichnet sich dadurch aus, dass das Gespräch mehr nach der Devise verläuft: „Erzählen Sie aus Ihrem Leben" als nach dem Motto: „Welche Ausbildung haben Sie absolviert, und mit welchen Erfahrungen können Sie aufwarten?" Das narrative Interview hat den Lebenslauf des Kandidaten zum roten Faden, und das bedeutet, dass Episoden in die Erzählung einfließen, die mit der beruflichen Wahl und Laufbahn vordergründig nichts zu tun haben. Je nach dem Charme und Geschick des Personalers entfaltet sich das Interview zu einem echten Dialog, in dem auch der Personaler von sich erzählt, Eindrücke vom Kandidaten zur gemeinsamen Betrachtung freigibt und diesen bittet, seinerseits ihm, dem Personaler, Feedback über Eindrücke zu geben.

Ein mehrstündiges oder gar eintägiges narrative Interview ist mit Szenenwechseln verbunden. Personaler (mit oder ohne Begleitung von Führungskraft) und Kandidatin oder Kandidat beginnen üblicherweise im Büro, besichtigen gemeinsam das Unternehmen. Anschließend besuchen sie die Zielabteilung, wo die Personalerin oder der Personaler den Kandidaten einige Zeit mit den möglichen Kollegen allein lässt, um ein gegenseitiges „Beschnuppern", also eine Eindrucksbildung zu ermöglichen. Personaler holen zu einem späteren Zeitpunkt sowohl bei den Kollegen als auch bei Kandidaten Rückmeldungen zu den Eindrücken ein. Von dort geht es in der Regel weiter in ein Restaurant, von dort zu einem Spaziergang in einen Park oder durch die Stadt, dann in ein Café oder – seltener – in einen Pub und schließlich zum Ausgangspunkt des Ausfluges, ins Büro, zurück. Personaler und Kandidat ziehen dann gemeinsam eine erste Bilanz.

Souveräne Personaler verknüpfen diese Bilanz mit einem wechselseitigen Feedback, das heißt: Der Personaler stellt seine Wahrnehmungen und Eindrücke zur Disposition, und der Kandidat ist eingeladen, dies in Richtung auf den Personaler zu tun. Es ist ein Gespräch, das zwar in einem besonderen Kontext steht. Aber es ist weder Verhör noch Inquisition. Einer der herausragenden Vorteile dieses Gesprächsszenariums mit wechselnden Umgebungen liegt in einer Unmöglichkeit, von der beide, Personaler und Kandidat, profitieren: Über die Dauer eines ganzen Tages hat weder der Personaler noch der Aspirant (noch weitere Beteiligte) die Chance, sich ständig selbst zu beobachten und zu kontrollieren. Über die Dauer eines Tages gelingt es bestenfalls trainierten Schauspielern, sich in erster Linie auf das zu konzentrieren, von dem sie denken, es sei erwünscht und sich danach zu verhalten. Die Konzentration liegt in diesem Fall weniger darauf, sich echt, authentisch oder so zu verhalten, wie die persönlichen Muster nun einmal sind. Die Gefahr bei dem Spielen ist, dass Verhaltensweisen gezeigt werden, die auf Dauer und in Zukunft nicht durchgehalten werden können. Selbstverleugnung gelingt Menschen normalerweise nur über einen kurzen Zeitraum – nicht über einen längeren, und noch weniger, wenn es sich um ein sozusagen eintägiges Assessment handelt – denn so empfinden es die meisten Kandidaten. Auch ein narratives Interview, das zahlreiche scheinbar informelle Elemente bietet, ist und bleibt ein Be- und Anwerbungsgespräch und insofern eine spezielle Situation. Alle Beteiligten seien gewarnt: Kein Mensch kann verhindern, dass er spontan und damit „unwillkürlich", also ohne sich dafür zu entscheiden, mimisch oder gestisch, mit Worten oder mit Taten reagiert. Es dürfte – um ein Beispiel zu nennen – sehr schwer fallen, auszuschließen, dass in dem Anlass und in der Art zu lachen mehr Botschaft hineingelegt ist und/oder hineingedeutet wird als beabsichtigt ist. Dies alles gilt wechselweise! Das narrative Interview-Erleben vermittelt auch dem Kandidaten sehr viele unausgesprochene Eindrücke und damit Futter für seine Entscheidung. Genau in dieser Unmöglichkeit, sich selbst in allen Ausdrucksweisen permanent zu beobachten und bewusst zu steuern, liegt eine der Stärken und Chancen des narrativen Interviews.

Bestandteile der multiperspektivischen Herangehensweise sind zudem die unterschiedlichen, in Kapitel 1 erwähnten standardisierten Auswahlverfahren für Eignung, für die Diagnose von Fähig- und Fertigkeiten bis hin zu Potenzialen oder Talenten. Jeder Test ist eine Perspektive, könnte man sagen. Diejenigen Personaler, die sich zu den „Menschenerkennern" zählen, nutzen sie weniger. Jene aber, die sich der Grenzen ihres eigenen Urteilsvermögens bewusst sind und keine narrativen Interviews führen (können, wollen, dürfen), aber dennoch solide und verantwortungsbewusst agieren möchten, verwenden die Tools in spezifischer Weise. Sie nehmen Tests als Möglichkeit, ihren subjektiven Horizont zu erweitern, diverse Blickwinkel einzunehmen, Material aus unterschiedlichen Feldern zu erhalten, das ihnen als Fundus für gezielte Fragen dienen kann. Diese Personaler sind sich des Umstandes bewusst, dass es grundsätzlich Regionen gibt, die sich ihrer Wahrnehmung entziehen, und dass es grundsätzlich unmöglich ist, eine Persönlichkeit ultimativ zu erfassen und zu beurteilen. Genau deshalb kaufen sie Verfahren ein, die sich in Anlage und Ausrichtung möglichst unterscheiden. (Die Architektur und Dramaturgie von Assessment Centern bieten eine Vielzahl verschiedener Übungen.) Das Ziel dieser Nutzung ist, die subjektive Sichtweise zu bereichern, und zwar in drei Hinsichten: mehr als bisher zu sehen (quantitativ mehr zu schauen), anders als bisher zu sehen (Bekanntes in neuem Licht sehen, umdeuten) und anderes als bisher zu sehen (qualitativ mehr zu schauen).

Eher selbstunsichere Personaler, die sich ihrer Kenntnisgrenzen nicht bewusst sind, handeln nach eigener Wahrnehmung zwar souverän. Kritische Geister beurteilen das Agieren allerdings anders: Sie handeln mehrheitlich so, als trauten sie sich selbst nicht über den Weg. Denn hier sind jene Personaler zu finden, die Personalentscheidungen an Instrumente und Standardverfahren delegieren. Im Brustton von Gläubigen argumentieren sie, Eignungs-, Potenzial-, Verhaltens-Tests seien wissenschaftliche Messverfahren und schon deshalb dem subjektiven Urteil überlegen. Manche gehen noch weiter und profilieren sich als Wahrheitssucher: Sie vertrauen auf eine Wissenschaftlichkeit, die Wahrheit zutage fördert, und gestehen Testergebnissen daher zu, das Zutreffende, das Richtige) anzuraten. Im Gegensatz zu dieser Personalerkategorie sind die von uns gewünschten Expertinnen und Experten keinesfalls testgläubig. Sie behandeln Tests als Werkzeug, um mit verhältnismäßig wenig Aufwand rasch zu einem Aussagebündel zu gelangen, das ihnen als Fundament dafür dient, interessante Fragen aus diversen Blickwinkeln zu stellen. Außerdem nutzen sie Tests ausschließlich in Kombination mit persönlichen Kontakten nach Maßgabe der oben geschilderten Linie. Souveräne und verantwortungsbewusste Rekrutierer entscheiden selbst (wenn auch idealerweise nicht allein) und übernehmen Verantwortung für ihr Plädoyer oder ihre Entscheidung. Dies im Bewusstsein, dass ein Restrisiko immer bleibt. Auch die gründlichste Auswahlgestaltung kann Erfolg nicht garantieren. Aber sie kann ihn wahrscheinlicher machen. Und das ist angesichts der Komplexität einer solchen Entscheidung sehr viel.

Eine bisher von uns vernachlässigte Perspektive verbirgt sich in Zeugnissen und Referenzen. Beide Fremdperspektiven werden von Personalern ausnahmslos eingeholt. Souveräne Personaler genießen die Lektüre oder

Telefonate mit Vorsicht. Denn sie wissen: Jeder Mensch verändert sein Verhalten in Anpassung an das jeweilige Bezugssystem. Der Spruch: „Die Leber wächst mit ihren Aufgaben" oder die Erfahrung, dass sich Fähigkeiten erst zeigen und Fertigkeiten erst ausbilden können, wenn ein Mensch die Gelegenheit dazu erhält, das heißt: in einem dies ermöglichenden Kontext lebt – diese Erfahrung belegt, wie problematisch es ist, Vergleiche herzustellen. Denn genau das passiert ja: Die Beurteilung der Leistungen, Fähig- und Fertigkeiten einer Kandidatin in einem Umfeld A werden übertragen in ein Umfeld B – und dies, obwohl im Umfeld B alles anders ist: die Personen, die Beziehungen unter den Personen, die Kultur des Miteinander-Umgehens, die Anforderungen, das Fordern und Fördern durch den oder die Vorgesetzte etc. bis hin zu Faktoren von Klima und Sich-Wohlfühlen. Nicht-Vergleichbares wird verglichen. Ein Kandidat etwa, dem „Talent für Small Talk" attestiert wird, kann in einem anderen Team als „maulfaul" oder „wenig sozial kompetent" beurteilt werden. Im ersten Fall war er umgeben von Leuten aus seinem Milieu, also mit ähnlichen Vorlieben; im zweiten dagegen bewegte er sich in einem Team, in dem er mit seinen Interessen allein war. Ein Fußballfan in einem Club von lauter Operngängern fühlt sich zwangsläufig allein und enthält sich verbal, denn zu groß ist das Risiko, bei den anderen „schlecht anzukommen". Wer setzt schon gern Zugehörigkeit aufs Spiel? Eine Kandidatin, die in einem Bauunternehmen Einkaufsleiterin ist, wird von ihrem Chef, einem Bauingenieur, nach anderen Kriterien beurteilt als es ihr neuer Chef, ein Lebensmittelingenieur bei einem Bioprodukteanbieter, tut. Verschiedene Kontexte bedingen und resultieren in verschiedenen Beurteilungskriterien. Diese Umfelder und Kriterien erzeugen unterschiedliches Verhalten – oder: das scheinbar „gleiche Verhalten" wird unterschiedlich gedeutet und fällt in verschiedene Urteilstöpfe. So geschehen:

Der Bauingenieur-Chef hielt Durchsetzungsfähigkeit, klar strukturierte Präsentationen hoch und bemaß Erfolg und Misserfolg nach Zahlen. Im Umgang mit Kunden (Zulieferunternehmen) gab er aus: so billig wie möglich – egal, woher. Der Chef des Bioprodukteanbieters maß qualitativ nach den Rückmel-

dungen der internen und externen Kunden und hatte ein besonderes Auge darauf geworfen, wie die Einkäuferin mit den Zulieferern umging und mit ihnen verhandelte. Sein Gebot: fair, den Zulieferern Luft lassen, nachhaltige Beziehungen sind wichtiger als der kurzfristige Zusatzgewinn durch besonders günstige Einkaufkonditionen.

Die Einkaufsleiterin wurde in Bezug auf das Kriterium „Durchsetzungsvermögen" unterschiedlich beurteilt. Ein Persönlichkeitsmerkmal von ihr war, dass sie im Kontakt mit anderen, Mitarbeitern, Kollegen, Chefs, Kunden, bestrebt war, Win-win-Situationen herzustellen. Dieses Bemühen wurde vom Bauingenieur als „harmoniesüchtig" und „zu weich" kategorisiert, vom Bioprodukteanbieter als „besonders empathisch" und „ethisch erwünscht".

Vorsicht also bei dem Rückgriff auf Autoritätsquellen, die man nicht oder zu wenig kennt bzw. von denen man nicht oder zu wenig weiß, wie und nach welchen Richtlinien sie zustande kommen. Wenn möglich, sollten Personaler bei mündlichen Konsultationen vor allem Beschreibungen und deren Kontexte erfragen, weniger Wertungen und Urteile. Und sie sollten Zeugnisse und Referenzen lesen als das, was sie sind: Produkte, Schlussfolgerungen aus unterschiedlichen Perspektiven, die sich einmaliger und nicht wiederholbarer Rahmenbedingungen verdanken.

Multiperspektivität in der beschriebenen Weise wird oft systemische Sichtweise genannt. Man kann sie als Norm nehmen und auf diese Weise vermeiden, über typische Steine im Auswahlprozess zu stolpern:

Das Denken in Wechsel- und Rückwirkungen sensibilisiert dafür, dass ein Kandidat niemals allein, nur für sich beurteilt werden sollte, sondern immer im Zusammenhang seines Wirkungsortes und der agierenden Personen (Vorgesetzte, Kollegen, Kunden). Einige Folgerungen: Personaler sollten den Betroffenen die Gelegenheit einräumen, sich zu beschnuppern. Ferner: Personaler sollten in ihre Auswahlverfahren systematisch einspeisen, den Kandidaten aus pluralen Perspektiven zu betrachten und in verschiedenen

Kontexten zu erleben. Das Bewusstsein darüber, dass es maßgeblich vom Kontext abhängt, was ein Kandidat wie entfalten kann, wirkt als Bremse für vorschnelle Urteile.

Die Verortung eines Kandidaten in einem Netzwerk von Perspektiven und Umfeldern hilft zudem, Auswirkungen von Halo-Effekt & Co zu verringern. Sobald situative Faktoren berücksichtigt werden, geraten Urteilsstränge in Bewegung und ordnen sich neu. Mit anderen Worten: Multiperspektivische Haltung geht Hand in Hand mit der Erkenntnis, dass sich jeder Mensch in und mit seinem Umfeld zu arrangieren trachtet. Wechselseitige Beeinflussung ist unvermeidlich. Bereitschaft zu und Prozesse der Anpassung spielen folglich eine immer wichtigere Rolle in der Platzierung von Kandidaten. Und zwar – bezogen auf das Auswahlverfahren – auf allen Seiten!

2.3 Personaler und Führungskräfte bilden ein Tandem

„Es kann nicht gelingen, die Nähe zum Management zu verbessern, wenn die Neuaufstellung der Personalabteilung einseitig angegangen wird. Die Untersuchung zeigt, dass Personaler im Change-Prozess häufig zu sehr mit sich selbst beschäftigt sind. Sie tauschen sich zu wenig mit den Führungskräften aus und berücksichtigen deren Erwartungen nicht hinreichend.“ (Inga Pöhlmann, *Ausrichtung an der Business-Logik.* In: *ManagerSeminare,* manager HR, Heft 04, November 2010, 10f.)

Wenn es Personalern indes gelungen ist, zwischen HR-Abteilung und Management eine vertrauensvolle und eine Beziehung wechselseitiger Wertschätzung und Achtung aufzubauen, dann haben Personaler das Vertrauen dadurch gewonnen, *„dass sie sich kundenorientiert verhalten: Sie verstehen es, die Perspektive zu wechseln und den Nutzen des Human Resources in einer dem Business angepassten Sprache zu vermitteln"*(ebd.).

Statt von Perspektivwechsel, den wir gerade ausführlich besprochen haben, zu sprechen, schlagen wir jetzt vor, Personaler und Führungskraft als Tandem zu betrachten (Regina Mahlmann, *Die verstehen uns nicht. Tandem-Modell.* In: *Personalmagazin* 10/2007, S. 38-41). Die Metapher fokussiert die Beziehung von Personal und Management noch stärker. Je nach Aufgabenstellung und Kontext lenkt das eine Mal der Personaler, das andere Mal die Führungskraft. Das Tandem symbolisiert die perfekte Abstimmung – beim Fahrrad besorgt dies zu einem Gutteil die Konstruktion. Das Fahrrad-Tandem ist ein Analogon zu Standardprozessen, Checklisten und anderen Formalia und Schablonen, die in einem Auswahlverfahren helfen können. Ist das Tandem allerdings ein Gleitschirmtandem, wachsen die Anforderungen an die eigenständig betriebene Abstimmung der Personen erheblich, und ein Mangel kann für beide tödlich enden. Zwar geht es – dankenswerterweise – im Geschäftsleben selten um Leben und Tod. Aber für Dramatik ist durchaus gesorgt.

Mit auf Elefantengröße wachsenden Ohren wurde eine Beraterin Zeugin dieses Dialogs: „Was für eine Type haben Sie denn da eingestellt?!", wütete der Chef der Qualitätsabteilung und erhielt die Replik: „Sie waren ja für drei Wochen in die Ferien entschwunden – keiner von Ihren Leuten wollte eine Entscheidung treffen – die Geschäftsführung saß mir im Nacken, endlich die offene Stelle zu besetzen, weil sie andernfalls ersatzlos gestrichen würde – und ich wollte das Thema auch endlich erledigt haben! Also entschied ich. Der gute Mann ist doch fachlich äußerst kompetent! Ich war ganz stolz darauf, ihn für Ihre Abteilung gewonnen zu haben!" – Der QM-Chef bedankte sich nicht nur nicht, sondern blaffte zurück: „Ja, ja, Sie machen es sich wieder einmal sehr einfach. *Als würde ich von Ihnen und Ihren Leuten nicht ständig hören, auf soziale Kompetenzen komme es an! Fachlich ist der Typ wirklich super. Aber! Der hat mir durch seine selbstverliebte überhebliche Art genau die Beziehung zur Produktion, die wir gerade mit viel Aufwand so schön hergestellt hatten, wieder kaputt gemacht! Fingerspitzengefühl scheint für den Typen ein Fremdwort zu sein. Und statt zu verhandeln, diktiert er. Kein Wunder, dass jetzt wieder halber Krieg zwischen QM und Produktion herrscht. So ein Mist. Da haben Sie mir einen Bärendienst erwiesen! Schönen Dank auch! Jetzt können Sie sich gern damit beschäftigen, wie ich den wieder loskriege. Lieber keinen als den!"* Sprach's und rauschte davon.

Ein Tandem-Verständnis auf beiden Seiten wäre hilfreich gewesen. Inzwischen ist ja klar, worauf wir hinauswollen: HR sollte sich als Knoten im Netz der Wertschöpfenden verstehen und entsprechend wirken. Auf die Thematik der Stellenbesetzungen übersetzt bedeutet das: HR sollte in einer Weise Dienst leisten, die abseits der Haltung von „Ich weiß du brauchst" oder „Ich weiß es qua Funktion besser" liegt. Dafür aber nah, sehr nah an der Attitüde von „Ich bin dazu da, dir kritisch-konstruktive Unterstützung im Rahmen dessen zu leisten, was für deinen Zusammenhang bedeutsam und hilfreich ist". Selbstverständlich hat dieses Aufgabenverständnis damit zu tun, HR als Business Partner der Geschäfts- beziehungsweise Unternehmensführung zu etablieren. Diesmal sehen wir allerdings auch die Führungskräfte in der Pflicht. Ihr Part ist es, mit dem Rekrutierenden zumindest vor der Suche in Ruhe gründlich zu besprechen und zu sammeln, welche Kompetenzen und Qualitäten die Kandidatenperson notwendig mitbringen muss, um aus der Sicht der oder des Vorgesetzten, des Teams, der Aufgabe und des Unternehmens geeignet zu sein. Dies in Kurzform. Kommen wir zur ausführlichen.

Die Ausgangslage, die Tandem-Metapher als Lösung für ein systematisches Problem zu sehen, ist diese: In Unternehmen werden Voreingenommenheiten gepflegt. Das betrifft auch das Image von Personalabteilung und Management. Gängige Vorurteile sowohl auf der Seite von Personalexperten als auch auf der Seite von Führungskräften demonstrieren ein grundlegendes Verständigungsproblem. Führungskräfte bezeichnen Personaler etwa als „Überflieger", „Besserwisser", „Elfenbeinturmbewohner", „Schwadronierer" und unterstellen ihnen, „von der Praxis keine Ahnung zu haben". Personaler schlagen zurück, indem sie mit hoch gezogener Augenbraue und empört blitzenden Augen Führungskräften attestieren, unsystematisch und unmodern, nämlich weder „systemisch" noch „ganzheitlich" zu führen, als „Alphatiere" keinen Rat anzunehmen bereit zu sein und daher „auf ganzer Linie in der Personalfrage zu versagen".

Klischees auf beiden Seiten. Allerdings genährt durch praktische Erfahrungen: Personaler beschäftigen sich gern mit sich selbst und entwerfen Formulare, Checklisten und andere Raster, die sie den Führungskräften mit dem ultimativen Hinweis schicken: „Ab jetzt wird das so gemacht." Führungskräfte ihrerseits haben wenig bis kein Verständnis für das ganze „Gefühlsgedöns", das sie im Alltag auch noch beachten sollen, und das, obwohl die Zahlen, die sie liefern, die Grundlage ihrer Wertigkeit fürs Unternehmen darstellen. Aber es hilft nichts: Die zu Schubladen verdichteten (Einzel-)Erfahrungen beschwören Konfrontationen herauf, verzögern und erschweren abgestimmtes Agieren und behindern eine fruchtbare Zusammenarbeit – auch bei der Suche nach passenden Kandidaten.

Die Diagnose zu notieren, ist das eine. Das andere ist, zu verstehen, wie es zu solchen Stereotypien kommen kann. Sind die einen die vermeintlichen Allesversteher und die anderen die Fachidioten? Mitnichten. Werfen wir kurz einen Blick auf die Geschichte des Dramas: Wächst ein Unternehmen, differenzieren sich Funktionen heraus, die ihrerseits Expertenkulturen begründen. Expertenkulturen sind etwa die des Personals, des Qualitätsmanagements, des Finanz- und Rechnungswesen. Für jede davon ist typisch, dass sie eigene Denkweisen und Begrifflichkeiten entwickelt. Neben einem Fachvokabular, das fachlich gebundene Bedeutungen hat, haben die unterschiedlichen Expertenkulturen verschiedene Herangehensweisen an Aufgaben und Normen, die für qualitativ gute Arbeit gelten. Jeder dieser

Kulturen im Unternehmen ist ein bestimmter Denk- und Handlungsmodus und ein bestimmtes Ethos zu eigen.

Beispiel: Personaler in der Weiterbildung sind stärker als Ingenieure darauf trainiert, in psychologischen Begriffen zu denken. Das führt dazu, dass sie Widersprüchliches in einer Person gelten lassen können: Kandidatin A wirkt arrogant (nämlich: in speziellen Situationen) und (!) sehr entgegenkommend und freundlich (nämlich: in anderen speziellen Situationen). Ein Ingenieur oder Techniker denkt eher binär: arrogant oder nicht; es geht nur eines; alles andere ist unlogisch: A kann nicht zugleich Nicht-A sein. Oder Kreativarbeiter: Sie erfreuen sich in der Produktentwicklung an Querdenkereien, an chaotisch anmutenden Zeichnungen bis hin zu Art Maps, während IT-Experten Mind Maps oder gar Art Maps ein Graus sind. Stattdessen verlangen sie strukturierte, linear aufbereitete Präsentationen .

Mit anderen Worten: In jeder Teilkultur wird mit spezifischen Begriffen und Bedeutungen, mit verschiedenen Vorstellungen von dem, was wichtig und weniger wichtig ist, gearbeitet. Es sind diese Annahmen und Vorstellungen, die Handlungen und Verhalten, Forderungen und Anforderungen bestimmen. Die spezifischen Modelle der Expertenkulturen, die mit ihr verflochtenen Wertmaßstäbe und Normen, Vorstellungen und Handlungsanweisungen sind in einer anderen Kultur nicht verwurzelt. Das macht sie für Außenstehende schwer verständlich. Dieser Mangel an Verstehen gilt für Personaler genauso wie für Führungskräfte. Beispielsweise sprechen Personaler von etwas anderem, wenn sie von „Führung" reden als Führungskräfte. Personaler wollen etwa, dass Führungskräfte „systemisch führen", sich „Kompetenzen im zirkulären Fragen" aneignen, „Coach" für ihre Mitarbeiter sind und überhaupt „ganzheitlich denken und handeln" und dabei die emotionalen Befindlichkeiten und „individuellen Bedürfnisse" ihrer Mitarbeitenden berücksichtigen. Führungskräfte dagegen wollen primär die Aufgaben, für die sie eingestellt wurden, optimal erledigen. Sie wollen „keine psychotherapeutische Gruppe" aufmachen, sondern „Ziele erreichen" und „Ergebnisse produzieren". Eine häufig auftauchende Konsequenz im Zusammenhang der Kandidatensuche liegt in der Geschlechterfrage: Wollen wir einen Mann oder eine Frau einstellen? Dazu das folgende Beispiel:

In einer 47 Personen umfassenden Steuer- und Anwaltskanzlei, die auf den Feldern Betriebsprüfung und Steuerberatung ihre Dienste anbot, hatte es sich die Personalabteilung in den Kopf gesetzt, „die Anzahl der Frauen bei uns zu erhöhen". Der Hauptstrang der Begründung seitens der Personalerin: „Bei uns herrscht manchmal ein etwas ruppiger Ton. Das finde ich schade. Deshalb kam ich auf die Idee, mehr Frauen einzustellen, sobald eine Stelle ausgeschrieben ist. Es ist ja erwiesen, dass Frauen im Team dafür sorgen, dass das Klima freundlicher wird, dass die Herren der Schöpfung weniger aggressiv aufeinander losgehen und sie sich insgesamt höflicher verhalten." Die Prüfer schüttelten den Kopf. „Selbst wenn das so ist", hörten wir, „wofür werden wir bezahlt: dafür, dass wir uns alle gern haben, oder dafür, dass der Kunde bestmöglich bedient wird?! Mir ist es wurscht, ob wir eine Kollegin oder einen Kollegen kriegen – auf Qualifikation und Erfahrung kommt es an."

Die Erfahrungswelten unterscheiden sich also gravierend voneinander. Dies hat Folgen. Jede Expertensicht mündet in eine bestimmte Praxis, die mit ihr eigenen Präferenzen, Handlungsimperativen und Aktionsrichtungen verknüpft ist. Bei der Kandidatensuche äußert sich das beispielsweise so:

Die Unternehmensleitung eines Mittelständlers aus der Textilbranche war wiederholt mit Beschwerden aus unterschiedlichen Abteilungen konfrontiert worden. Die Beschwerde: Die Außendienstler versprächen den Kunden das Blaue vom Himmel. Produktentwicklung und Marketing hätten das Nachsehen, ganz zu schweigen von den Sonderwünschen, die die Fertigung erfüllen solle! Und weiter: Der Leiter des Vertriebs würde nur zu seinen Leuten stehen und zeige keinerlei Verständnis oder Gesprächsbereitschaft.

Die Unternehmensleitung wandte sich an die Personalabteilung mit der Auf-forderung, „da schlichtend einzugreifen". Außerdem solle sie die frei werden-de Position des stellvertretenden Vertriebsleiters mit einer Person besetzen, die Verhandlungsgeschick besäße und zudem so stark sei, dass sie sich auch gegen den Vertriebsleiter behaupten könne. Drittens müsse „frischer Wind" in die Abteilung – der Kandidat solle nach diesen Kriterien ausgesucht wer-den.

Die Personalabteilung bedankte sich für den Auftrag, der ihr wie ein „Dusch mich, aber mach mich nicht nass" erschien. So kam es denn auch. Die Per-sonalabteilung versuchte zwar, einen Kandidaten schmackhaft zu machen, dessen USP es war, sozial kompetent agieren und unternehmerisch denken zu können. Doch es half nichts. Trotz gut gemeinter Interventionen der Personal-abteilung und zahlreicher Hinweise an den Vertriebsleiter, welche Bedingun-gen an seinen Stellvertreter aus der Unternehmensleitung gestellt würden: Der Vertriebsleiter entschied sich für einen „sehr kundenorientiert denken-den" Kandidaten, der ins Team passe und ebenfalls eine Kultur der Kunden-wunscherfüllung vertrete. Schließlich lebe das Unternehmen von Kunden.

Das Ende vom Lied war, dass die Unternehmensleitung entschied: Sie holte einen dritten Kandidaten aus dem eigenen Netzwerk.

In den letzten zwei Beispielen war von Tandem-Handeln natürlich nichts zu merken. Ziel der Idee des Tandems ist, dass Personaler und Manager kooperieren. Erfahrungsgemäß können Personaler dieses Ziel realisieren helfen, indem sie im Unternehmen für Begegnungsmöglichkeiten von Per-sonalmitarbeitern und Führungskräften sorgen, dass sie – anders formu-liert – im Alltag Möglichkeiten bereitstellen und Gelegenheiten bieten, das Operationsfeld der Führungskräfte, ihrer Klientel, selbst erleben zu können und in einem permanenten Gespräch mit den Führungskräften zu sein. Diese Bemühungen zentrieren sich um die Kategorie der Sichtbarkeit. Welche positiven Auswirkungen das haben kann, demonstriert das folgen-de löbliche Beispiel:

In dem Unternehmen aus der Spielzeugbranche (rund 400 Mitarbeitende) residierte die Personalabteilung in einem Flur im fünften Stock des sechsstöckigen Gebäudes. Mit dem Wechsel des Geschäftsführers ging eine einschneidende Veränderung einher. Seine Absicht war es, den turn around möglichst innerhalb von zwei Jahren zu schaffen. Dazu bedurfte es vielfältiger Veränderungen – auch in personellen Konstellationen in den Abteilungen. Trotz des zeitlichen Drucks war er bestrebt, die Mehrheit seiner Führungskräfte auf diesem Weg mitzunehmen und so eher nach der Philosophie der Reform und weniger nach der der Revolution zu agieren. Die Personalabteilung sollte seine Bemühungen flankieren.

Die neue, von ihm eingestellte HR-Chefin versuchte aktiv, HR als Dienstleistung für und im Sinn der Führungskräfte zu profilieren. Um dies zu erreichen, erhielt sie die Erlaubnis der Geschäftsleitung, die HR-Mitarbeitenden in den Abteilungen zu platzieren. Also raus aus den Büros im fünften Stock und hinein in die Abteilungen.

Sie verfolgte damit mehrere Ziele: Leichte Erreichbarkeit für ihre internen Kunden, ständige Sichtbarkeit, Vertrauen wecken und die Möglichkeit schaffen, dass Personaler einen echten Einblick in Abläufe und Stimmung und damit in das erhalten konnten, was in den Abteilungen und Teams klappte und wo es haperte. Diese Nähe galt ihr als Fundament dafür, auch bei der Besetzung von Positionen kompetent beraten und Empfehlungen aussprechen zu können.

Nach anfänglichem Misstrauen und der Klärung einiger Missverständnisse („Jetzt sitzen die Spione auch noch unter uns!") spielte sich die neue Ordnung ein. Personaler wurden allmählich akzeptiert als Kollegen, die „uns verstehen und deshalb helfen können"; Personaler ihrerseits lernten Routinen, Anforderungen und Bedürfnisse von Führungskräften und Mitarbeitenden kennen, die das operative Geschäft steuerten und betrieben, und konnten diese aufgrund ihrer örtlichen Nähe und Erfahrungen besser beraten. Die Tandem-Metapher half beiden Seiten, einander zu konsultieren *und in der Platzierung von Kandidaten auch ungewohnte Wege zu gehen. Es wurde Usus, dass mindestens die Führungskraft, ein Repräsentant aus dem Team oder der Abteilung und eine Person aus dem Personal von Beginn der Suche an zusammenarbeiteten. Die Zusammenarbeit begann bei den Items für die Ausschreibung und endete bei der Entscheidung.*

Das Funktionieren des Modells von Führungskraft und Personaler als Tandem steht und fällt mit der Kommunikation. Das Modell zwingt zu einer hohen Dichte an Austausch und Interaktion. Dazu gehören Reibung, Kontroversen und andere Formen kritisch-produktiver Auseinandersetzung. Im vorangegangenen Kapitel haben wir darauf hingewiesen, dass ein Tandem keine Kuschelei verspricht, sondern Konflikte provoziert. Denn jeder Teil des Tandems spricht und handelt aus seiner Expertensicht und aus seinem Verständnis der ureigenen Aufgabe und Funktion. Konfliktkompetenz erweist sich damit als notwendig. Durchaus im wörtlichen Sinn: Die Not wenden – nämlich die Not, die eine Einigung erschwert. Wenden können die Tandempartner die Not nur dann, wenn sie bereit und in der Lage sind, auseinanderklaffende Interessen, Meinungen und dissonante Primärziele in einem konstruktiven Geist zum Gegenstand einer Auseinandersetzung zu machen. Je öfter es gelingt, den guten Willen zu einem tragfähigen Konsens glaubwürdig zu vermitteln, desto eher bilden sich Vertrauen und Zutrauen: Vertrauen in die Akteure, in ihre lauteren und guten Absichten, und Zutrauen zu ihren Fähigkeiten und Fertigkeiten, zu ihrer Kompetenz. Konstruktiv muss nicht bedeuten: unbedingt einen Kompromiss finden, mit dem alle Beteiligten leben können. Konstruktiv meint keinesfalls Konsenszwang. Die Kontrahenten können auch zu einem „We agree to disagree" kommen, dazu also, dass sie sich einig darin sind, uneinig zu sein – und dass in einem solchen Fall eine der Parteien die vollständige Verantwortung für die von ihr gefällte Entscheidung übernimmt.

Vor einem solchen wertschätzenden Hintergrund von Partnerschaft steigt die Wahrscheinlichkeit, dass Personaler selbst unpopuläre Fragestellungen klar und offen thematisieren und für unangenehme Maßnahmen Unterstützung im Management finden können:

Ein mittelständisches Unternehmen aus der Elektronikindustrie (gut 270 Mitarbeitende) befand sich in einem umfassenden Change-Prozess. Allerdings noch am Anfang. Einer der Gründe für den Zeitpunkt des Veränderungsprozesses lag darin, dass in einem Zeitraum von etwa eineinhalb Jahren die Mehrheit der Führungsriege in den Altersruhestand gehen würde. Um die Veränderung zu bescheunigen, hatte die Geschäftsleitung (einschließlich der Personalchefin) beschlossen, die frei werdenden Stellen mit Kandidatinnen und Kandidaten zu besetzen, die eine frische Brise, neue Blickwinkel, neue Ideen für Problemlösungen verkörpern sollten.

Mit dieser Botschaft marschierte die Personalchefin in jene Abteilungen, mit deren Führungskräften sie bereits auf Kandidatensuche war. Bis auf eine Ausnahme hielt sich die Begeisterung über die Order: „frische Brise, neue Blickwinkel, neue Problemlösungen" bei den Betroffenen in Grenzen. Denn in das Suchprofil mussten die Führungskräfte einarbeiten, dass ein Anwärter „anders" als die Mehrheit, konkret: „anders" als der bisherige persönliche Wunschkandidat sein sollte.

Wie sollte die Personalchefin dieses „anders" anziehend machen? Da sie sich keinen Illusionen hingab, formulierte sie ihr Ziel „weicher", zugleich realistischer: Sie wollte die Botschaft aus der Topetage so verpacken, dass die Führungskräfte ihre Ablehnung des Fremden in Neugier verwandeln konnten.

Der Weg, den sie einschlug, war so simpel wie wirksam: Sie setzte sich mit jeder Führungskraft (auf Wunsch mit dem Team) in einem der am freundlichsten eingerichteten Besprechungszimmer zusammen und lud sie ein, zwei Fragestellungen aus zwei Perspektiven zu beleuchten. Dabei achtete sie da-

rauf, dass beide Fragestellungen die bisherigen Leistungen wertschätzten. (Anmerkung: Dies ist wichtig bei Change-Prozessen, weil sich die Betroffenen andernfalls wertlos und unfähig fühlen könnten. Typischerweise transportiert in Bemerkungen wie: „Aha, jetzt soll alles anders werden. Haben wir bisher nur Blödsinn gemacht, oder was?!“)

Der eine Kreis der Fragestellungen stellte die Sicht der Führungskraft beziehungsweise der Abteilung in den Vordergrund; der zweite Fragenkreis die Sicht der Unternehmensführung. Aus beiden Blickwinkeln erarbeiteten sie Fragen zum Status Quo und zur Zukunft.

Bezüglich des Ist-Zustandes diskutierten die Teilnehmenden Fragen wie: Was haben wir? Wo stehen wir? Was hat sich bewährt? Wo liegen unsere Stärken? Was wollen wir beibehalten? Was von unseren Stärken kann sich auch in dem neuen Kontext der Veränderung und des Weges in unsere Zukunft bewähren? – Fragen, die auf die Zukunft ausgerichtet waren, konnten davon profitieren, dass das Unternehmen mit dem Change-Prozess bereits begonnen hatte. Dennoch erwies es sich als sinnvoll, das Verständnis zu überprüfen und eine gemeinsame Vision herzustellen. Etwa: Wohin wollen wir? Wie begründen wir, was wir wollen? Was brauchen wir, damit das gelingen kann? Welche Kompetenzen müssen wir entwickeln? Woran können wir anknüpfen? Was müssen wir von draußen „reinholen“ und einkaufen?

Von dort aus war der Weg zum Ziel nah, als es zur Frage der Kandidaten und deren Wunschprofil kam. Dank der mentalen Bahnung durch die Diskussion; dank der Klärung von Fragen, die sowohl Erkenntnisse vermittelten als auch Ängste vor Versagen oder Überflüssigwerden nahmen und schließlich dank des bestehenden Grundvertrauens und der intakten Beziehung zwischen Personalerin und Managern öffneten sich diese für die Botschaft aus dem obersten Management. Ausgestattet mit Argumenten und Begründungen konnten sie nachvollziehen, dass die „Ansage“ sinnvoll war, Personen ins Unternehmen zu holen, die das Neue, das Angestrebte besser ausfüllen und ausführen könnten als Personen aus dem Haus. Und auch besser als Kandidaten, die nur deshalb „gut ins Team passen", weil sie den Altgedienten ähnlich waren und das Harmoniebedürfnis eher erfüllten als Anwärter, die „anders" waren. Im Erleben der Führungskräfte begann „das Neue" an Gestalt zu gewinnen und, „spannend" zu werden. Personalchefin und Führungskräfte flogen im Gleitschirm zunehmend in perfekter Koordination.

Dieses Beispiel illustriert, wie viel Fantasie, Einsatz und Reflexion vonseiten der Personalprofis nötig ist, um die Tandem-Metapher der Kooperation mit wechselnder Führung kompetent auszufüllen. Das Beispiel erhellt zudem, wie nützlich das Tandem-Verständnis sein kann für Führungskräfte, Personaler und das Unternehmen. Und dies gerade in turbulenten Zeiten und Umbruchphasen, in denen naturgemäß eher Ängste und Befürchtungen vorherrschen und Ablehnungen und Blockaden, Gerüchte und Intrigen das Verhalten von Unternehmensmitgliedern bestimmen. Die Metapher des Tandems kann diese destruktiven Kräfte wenn nicht bannen, so doch zumindest den Schaden maßgeblich begrenzen und Energien in Richtung Zukunft bündeln.

2.4 Personalentscheider umwerben Kandidaten

Nein, wir reden hier nicht vom „war for talents". Nein, wir stimmen nicht ein in die Elegie vom „Fachkräftemangel". Nein, wir treiben uns auch nicht auf Jobmessen, Bewerbungsplattformen oder in Social Media-Foren herum, um die „Begabten", gar „die Besten" zu finden. Und nein, es geht uns hier nicht um praktische Verlockungen wie Kinderkrippen, Fitnessstudio oder Ruheräume im Unternehmen.

Wir setzen einen Schritt davor an. Wovon wir reden, ist eine Grundhaltung und deren praktische Folgewirkungen in der Interaktion mit Kandidaten. Die Grundhaltung ist der Kandidatensuche vorgelagert. Sie rückt etwas in die Aufmerksamkeit, das als Vorzeichen gelten kann: Die Grundhaltung gleicht einem mentalen Korridor, in dem Personalentscheider Kandidaten empfangen.

Personalentscheider im Kontakt mit Anwärtern – so unser Plädoyer – sollten grundsätzlich eine werbende Haltung einnehmen. Die mit dieser Grundhaltung verbundenen Fragen sind allgemein gültig und unabhängig davon, welche Klientel anvisiert wird. Ob High Potential, ob erfahrener Profi, ob gestandener Geschäftsführer – die Fragen und die Haltung gelten für jede Klientelgruppe.

Die Version der Grundeinstellung, von der wir reden, geht davon aus, dass Bewerbungssituationen stets von zwei Seiten entschieden werden: vom Unternehmen, repräsentiert durch Personalentscheider, und vom Kandidaten. Dieser Aspekt, dass der Kandidat ebenfalls Entscheidungshoheit hat, wird erfahrungsgemäß und trotz des „wars for talents" und „Top-Experten" in der Praxis häufig stiefmütterlich behandelt. Diese Vernachlässigung verdankt sich einer in der Regel nicht bewussten Arroganz oder schlicht der Einstellung: Wer sich bei uns bewirbt, muss sich beweisen und nicht umgekehrt; denn schließlich will der andere etwas von uns! – Nun, diese Haltung vergrault Kandidaten eher, weil sie eine asymmetrische, das heißt, eine kommunikative Situation mit der Struktur oben/unten transportiert – und das spüren Kandidaten selbstverständlich. Unternehmen, die sich für die Geeigneten unter den Kandidaten attraktiv machen möchten, benötigen eine andere, eine werbende Haltung.

Zunächst führen wir einige Gedanken und Beobachtungen zu diesem Aspekt aus. Danach widmen wir uns ausgewählten Kriterien und Praktiken, die aus der Grundeinstellung hervorgehen. Wie immer verdeutlichen wir das, was wir meinen, mit Beispielen. Beginnen wir mit stilisierten Äußerungen, die Haltungen zugespitzt darstellen, die aber in Personalabteilungen tatsächlich anzutreffen sind – und zwar sowohl ausgesprochen als auch über das Verhalten ausgedrückt.

„Wer bei uns anfängt, gehört zur Elite!" – so ein Personalentscheider im einführenden Gespräch mit dem Personalberater.

Eine solche Äußerung suggeriert mindestens zwei Fragen: Wird der Bewerber als Bittsteller angesehen? Wird der Bewerber als Mitglied in einem auserwählten, exklusiven Club gesucht?

„Wer bei uns arbeitet, kann sich glücklich schätzen. Wir sind ein sehr renommiertes Unternehmen und nehmen nicht jeden! Das muss den Bewerbern klar sein." Aha. Kandidaten, die zu dem Schluss kamen, mit dieser Grundhaltung empfangen worden zu sein, berichteten typischerweise folgende Beobachtungen und Erlebnisse:

Ein High Potential, Absolvent einer Universität mit hervorragendem Ruf, lehnte es ab, in dem Biotechnologie-Unternehmen anzufangen, weil er sich in dem Gespräch mit dem Chef der Firma gefühlt habe, als sei er bei einer Inquisition. Fragen, die sich um seine Motivation, dort einzusteigen, drehten, seien fast stakkatoartig ausgestoßen worden; außerdem habe der Chef ständig wiederholt, wie gut der Ruf der Firma in der Branche sei und dass er ausschließlich extrem fähige und kluge Köpfe einstelle. „Ich habe mich fast genötigt gefühlt, ihm dankbar zu sein, in einem solchen Eliteclub arbeiten zu dürfen", so der Kandidat. Obwohl der Reiz, in der Firma anzufangen, wirklich groß gewesen sei, habe er sich dagegen entschlossen: „Wissen Sie, es ist einfach kein richtiges Gespräch zustande gekommen. Die Angeberei hat mich abgestoßen und das penetrante Fragen auch. Wenn der Chef schon bei einem Bewerbungsgespräch so überheblich und autoritär auftritt – wie dann erst im Arbeitsalltag! – Nein, in einem so arroganten Club habe ich echt keine Lust zu arbeiten."

Ein zweites Beispiel resümiert die Erfahrung eines gefragten Experten aus der IT-Branche. Ein Personalberater hatte ihn angesprochen, ob eine vakante Stelle im Unternehmen X für ihn interessant sein könne. Nach zwei ausführlicheren Telefonaten von Kandidat und Berater hatte sich der Experte entschlossen, sich für die vakante Stelle zur Verfügung zu stellen. Seine Motivation dazu war einleuchtend: Das Zielunternehmen war für ihn attraktiv, weil es ihm ein besseres Umfeld bieten konnte, um seine Expertise umfäng-

licher einbringen und weiter ausbilden zu können. Doch nach dem ersten Vier-Augen-Gespräch mit dem Personalchef kontaktierte er sofort den Berater und winkte ab: Ein Wechsel in die Firma komme für ihn nicht infrage. Warum? „Damit Sie mich nicht für eine Mimose halten, ziehe ich den Bogen mal größer: Stellen Sie sich vor, Sie sind ein wirklich exzellenter Fachmann. Dieser Fachmann hat überhaupt keine Not, in das Unternehmen zu wechseln. Das heißt doch, dass er hochgradig motiviert ist, seine Fähigkeiten in das neue Unternehmen einzubringen, oder? Jedenfalls habe ich das so gedacht und mich aus diesem Grund überhaupt auf das Gespräch eingelassen. Jedenfalls lässt man mich erst einmal einige Minuten warten – was ich schon ein Unding finde! Und dann kommt da ein Personalchef, der mir als erste aller möglichen Fragen diese stellt: „Warum wollen Sie Ihr Unternehmen verlassen – was gefällt Ihnen da nicht?" – Ich dachte, ich höre nicht richtig! Wollte der jetzt, dass ich meine Firma schlechtmache und seine über den grünen Klee lobe? Außerdem habe ich mich gefühlt, als sei ich ein Bittsteller, der unbedingt dort arbeiten wollte. – Natürlich habe ich die Frage nicht beantwortet. Und nach wenigen Minuten habe ich das Gespräch abgebrochen und klar gesagt, dass ich einen Wechsel ausschließen würde."

In beiden Fällen ließen es die Personalentscheider an Wertschätzung und Werbung fehlen. Der Fokus lag darauf, sich selbst darzustellen und in der eigenen Größe zu schwelgen. Wenn Personaler und Führungskräfte in Bewerbungsgesprächen den Stolz darauf vermitteln möchten, in der Firma zu arbeiten, zu einem besonderen Unternehmen zu gehören – dann sollten Stolz oder Freude so verpackt werden, dass sich der Kandidat angezogen fühlt. Auch hierzu einige Beispiele, die zur Nachahmung einladen:

Personalberater und Kandidat, ein junger ehrgeiziger Architekt mit ausgezeichneten Zeugnissen und Leistungen, verließen gemeinsam das Architekturbüro und unterhielten sich über das Gespräch. Was ihm besonders gefallen habe, fragte der Berater. Die Antwort: Beeindruckt sei er, der Kandidat, besonders von einer Frage der Personalerin gewesen. Sie hatte gefragt: „Was müssten wir Ihnen in jedem Fall bieten, damit Sie zu uns kämen?"

In einem anderen Fall bewarb sich das Unternehmen beim Kandidaten, einem versierten Logistikleiter, durch ein ganzes Bündel an Angeboten. Intern war man recht stolz darauf, sich auch in der Öffentlichkeit durch Medienberichte damit profiliert zu haben, dass man sich um seine Mitarbeiter in besonderer Weise kümmerte und auf ihre Bedürfnisse bestmöglich einzugehen bestrebt war. Dennoch schütteten Personaler und Geschäftsführer nicht einfach ihren Koffer an Angeboten aus, sondern führten das Gespräch so, dass der Kandidat seine Bedürfnisse und Interessen darstellen konnte. Damit hatten sie die Möglichkeit, aus ihrer Palette jene auszuwählen, die für den Kandidaten attraktiv wirkten. In diesem Fall waren das neben beruflich relevanten Aspekten wie Entscheidungsbefugnisse und Möglichkeiten, die Logistik umbauen zu können, solche Unterstützungsleistungen, die mit dem Umzug der Familie, Schulauswahl für die Kinder und Freizeitangeboten der Region zusammenhingen. Diese Dinge waren für den Kandidaten besonders bedeutsam, weil seine Frau ihr Ja zu dem Firmenwechsel und zum Umzug von solchen Faktoren abhängig machte und er seiner Ehe und seinem Familienleben die höchste Priorität einräumte.

Die Werbeagentur (Teamleiterinnen und Gründer) hatte sich auf eine Kandidatin festgelegt. Die Absolventin eines Sinologiestudiums konnte zwar erst mit knapp zwei Jahren beruflicher Erfahrung aufwarten. Auch ihre Motivation, sich gerade in dieser Agentur zu bewerben, klang nicht eben spezifisch reflektiert: „Die Agentur hat einen sehr guten Ruf, macht interessante Werbung und liegt noch dazu in der Stadt, in der ich wohne."

Was sie so attraktiv für die Agentur machte, war das abgeschlossene Sinologiestudium: Eine völlig andere Sprache erlernen konnte nur, wer wirklich offen für das Neue, Fremde und Andere und dazu bereit war, sich mit Disziplin und Durchhaltevermögen in eine grundlegend andere Kultur hineinzuversetzen. Diese und weitere Bereitschaften und Fähigkeiten standen im Vordergrund der Überlegungen von Chef und Agenturteam, gerade diese Kandidatin zu wählen. Die Agentur hatte zwar nichts mit dem chinesischen Markt zu tun, war aber immerhin europaweit aktiv. Deshalb suchte sie eine

Person, die für kulturelle Unterschiede sensibel war und ein methodisches Grundgerüst und mentale Offenheit mitbrachte, sich mit anderen Kulturen zu befassen.

Die Hinweise der Kandidatin, auch noch zwei andere „sehr interessante" Angebote für eine Einstellung zu haben, waren an den Ohren des Gründers nicht vorbeigerauscht. Gemeinsam mit seiner „rechten Hand", seiner Stellvertreterin, bereitete er sich auf das finale Gespräch, zu dem er die Kandidatin eingeladen hatte, vor. Die Aufgabe lautete: Was können wir ins Feld führen, um sie für uns zu gewinnen? Allein der Hinweis, „klein und fein" zu sein und durchaus als „extravagante Agentur mit besonderer Kreativität" zu gelten, würde, so meinten beide, nicht reichen – und klänge „auch nicht so toll". Die Entscheidung für das Vorgehen und die „Bewerbung" der Agentur bei der Kandidatin fiel in einer Weise aus, die bei der Kandidatin – zusammengefasst – wie folgt ankam: Die beiden Gesprächspartner seien „ehrlich" gewesen und „menschlich sehr sympathisch". Sie hätten ihr offen gesagt, dass sie ihre Favoritin sei und sogar begründet, warum. Außerdem hätten Sie zugegeben, zwar aktuell keine Pläne zu haben, auf den chinesischen Markt zu gehen – aber wenn sie, die Kandidatin, im Verlauf der Arbeit Ideen hätte, ihre fachlichen Kenntnisse unternehmerisch nutzbar zu machen, seien ihre Vorschläge herzlich willkommen. Und dann hätten die beiden noch gefragt, was für sie besonders wichtig sei, um sich in einem Unternehmen wohlfühlen zu können.

Unternehmen bewerben sich bei Kandidaten – die Beispiele illustrieren, dass auch jene Personalentscheider sich als Werbende begreifen und verhalten können, die ihr Unternehmen als eines wahrnehmen, das aus der Menge der Firmen turmhoch hinausragt. Die Freude und der Stolz über die Zugehörigkeit zu diesem exklusiven Club wird nicht in Arroganz übersetzt, sondern in einen sozusagen aristokratischen Stil distanzierter Feinheit: Der Kandidat wird mit wertschätzendem Respekt behandelt und mit dem souveränen Bewusstsein der Besonderheit des eigenen Unternehmens eingeladen, dazuzustoßen und Teil dieser Unternehmung zu werden.

Drei weitere Haltungen seien gestreift:

„Bei uns sind Leute willkommen, die nicht in erster Linie einen sicheren, sondern einen vielfältigen und spannenden Job suchen."

Diese Haltung entwirft den Bewerber als einen Gast, vielleicht als einen Gast, der – ähnlich einer Böe – Blätter durcheinanderwirbelt. Die Auffassung scheint zu sein: Wir sind ein hochdynamisches, ungemein flexibles, permanent im Wandel befindliches Unternehmen mit lauter kreativen Menschen und brauchen deshalb Leute, die auf der Durchreise und gleichzeitig bereit sind, ihr Bestes zu geben, solange sie bei uns sind.

Dass diese Haltung auch das Bild oder Image vom Unternehmen transportiert, verstärkt die Haltung noch einmal. Auf ihrer Grundlage werden Bewerber mit einem kurzen Atem gesucht: lieber intensiv und kurz dabei als lange und langweilig. Mit Ablehnung oder Argwohn werden jene bedacht, die auf einen dauerhaften Arbeitsplatz hoffen, Verantwortung für länger- oder langfristige Projekte übernehmen möchten, sich wünschen, ihre Fähigkeiten im Unternehmen entfalten und sich – unterstützt vom Personal – weiterentwickeln zu können, die bodenständig, rational und jenseits von Eitelkeiten ihre Aufgaben solide und bestmöglich erledigen wollen.

Kandidatinnen und Kandidaten, die aus rational-betrieblichen Gründen („Je länger ich hier bin, desto kompetenter bin ich und desto mehr kann ich zum Unternehmenserfolg beitragen") oder aus emotionalen Gründen („Je länger ich bleiben kann, desto vertrauter werde ich mit den Leuten und die mit mir, wir arbeiten in einem guten Teamklima und können deshalb effizient arbeiten") auf einen nachhaltigen, dauerhaften Arbeitsplatz setzen, erscheinen der besagten Haltung und den sie Vertretenden suspekt. Idealerweise soll der Bewerber aus der Sicht der Personalentscheider mit diesem Tenor auftreten: „Der Kandidat macht in unserem Unternehmen eine schöpferische Pause auf seiner Lebens- und Berufsreise. Er leistet brauchbare Beiträge und ist solange willkommener und umsorgter Gast. Er soll sagen: „Ich freue mich, für eine Weile bei und mit euch arbeiten zu können – werde aber weiterziehen."

An einem der Standorte des Medienunternehmens suchte die Leiterin des Standorts eine Person für die Programmierungsabteilung. Deren Schwerpunkt lag in der Entwicklung neuartiger Programme in den Bereichen e-learning und e-commerce. Sie galt als hochinnovativ und rühmte sich, Drehscheibe zu sein – allerdings auch für Personal. Die Devise lautete nicht: „Never change a winning team", sondern im Gegenteil: „Nur im Wandel steckt die Chance auf Neues." In der engsten Auswahl war ein Hochschulabsolvent, der sich auf dem gefragten Fachfeld trotz seines jugendlichen Alters bereits einen Namen gemacht hatte. Als das Gespräch auf die Themen Team und Kontinuität kam, wurde sehr schnell klar, dass der Kandidat ablehnen würde. Zwar hatte sich die Leiterin des Standortes mächtig ins Zeug gelegt, um ihre „Programmierungsperle" schillern zu lassen; dennoch war es ihr nicht gelungen, den Kandidaten zu gewinnen. Das gab dieser noch im Gespräch zu, sodass sie nach seinen Gründen fragen konnte. Er antwortete: „Ach, wissen Sie, ich finde Ihre Abteilung und was die Leute da leisten, wirklich super. Aber wenn alle paar Monate oder jedes Jahr sich die Teamzusammensetzung ändert – dann finde ich das störend. Da kann keine Gemeinschaft wachsen, kann sich kein Team einspielen, in dem sich jeder auf jeden verlassen kann. Na, und wenn dieser Fast-Zwang, wieder zu gehen, für andere gilt, dann ja auch für mich, oder? Das will ich aber nicht. Ich will gehen, wenn ich meine, gehen zu wollen, und nicht, wann ich Ihrer Meinung nach sollte."

Personalentscheider mit der Euphorie für Kurzatmigkeit und Jobhopper wollen solche Leute nicht – oder doch? Jedenfalls wollen Kandidaten mit langem Atem jene Unternehmen nicht. Das Beispiel illustriert, dass Personalentscheider, die sich ihrer Flexibilität und „kreativen Zerstörung durch Wechsel" rühmen, den Wolpertinger oder die Eier legende Wollmilchsau suchen. Hohe Leistungs- und Wechselbereitschaft einerseits Identifikation mit Aufgabe, Verantwortung und Unternehmen andererseits. Nun, das geht nicht zusammen. Kandidaten merken das – und lehnen ab.

Eine weit verbreitete Haltung pointiert ein anderes Sowohl-als-auch:

„Wir heißen Personen willkommen, die fachlich top und innovationsoffen sind, denen aber auch sehr wichtig ist, dass sie sich im Team wohlfühlen und die Kultur bei uns bejahen – im Idealfall sogar um Besonderheiten bereichern."

Der Bewerber soll also ein Top-Experte mit Sinn für Soziales und Ausdauer sein. Der Wunschkandidat vieler Personaler: Der Fachmann mit Hang zu Gefühlen. Der Bewerber soll auf das Unternehmensschiff steigen, seine fachliche Expertise zum Wohl der Schiffsreise einsetzen, den Kapitän dabei unterstützen, die Stimmung an Bord gut zu halten, und er so lange wie möglich bleiben. Er soll sagen: „Ich bin gern hier, bringe meinen Beitrag zum Erfolg auf fachlicher und sozialer Ebene und fühle mich dem Bootsteam verbunden." Diese Grundeinstellung deckt sich mit dem Bedürfnisprofil der meisten Kandidaten und dürfte daher in vielen Fällen anziehend wirken. Gleichzeitig birgt diese Haltung ein Risiko, nämlich dann, wenn sie verallgemeinert wird und für jeden Kandidaten in jeder möglichen Position im Unternehmen gelten soll. Das Risiko wird dann sichtbar, wenn nicht Führungspositionen, sondern Experten gesucht werden.

Ein Bauingenieurunternehmen schrieb eine Stabsstelle aus, die direkt der Geschäftsleitung unterstellt war. Die Kernaufgabe lag in der strategischen Weiterentwicklung des Unternehmens. Ein Mitglied der Geschäftsleitung hatte das Auge auf einen ausgewiesenen Strategie-Experten geworfen. Die Personalerin legte ihr Veto ein. Denn in den insgesamt drei Gesprächen mit dem Kandidaten erschien ihr dieser „zu sehr auf die Stabsfunktion" fixiert und „zu wenig sozial". Sie verankerte ihr Veto an dem Faktum, dass die Stabsstelle eine zentrale Schnittstelle war und daher der Inhaber der Stelle mit allen anderen Abteilungen in einem ständigen Austausch sein müsse. Sie fügte Beispiele aus den Gesprächsbeiträgen mit dem Kandidaten hinzu. Etwa dieses: Auf die Frage, ob er bereit sei, um der Verbesserung der Kommunikation zwischen den Abteilungen willen etwa alle vier bis sechs Wochen einen „gemütlichen, informellen Abend" mit den Repräsentanten der anderen Abteilungen zu verbringen, habe er irritiert geschaut und dies verneint (wenn auch mit dem Hinweis: Er habe nichts gegen regelmäßige Meetings, aber bitte in der Arbeitszeit).

So sympathisch die skizzierte Haltung zunächst scheinen mag – sobald sie als Universalsoße über alle Kandidaten gegossen wird, birgt sie die Gefahr, fachliche Stärken zu vernachlässigen. Denn verdächtig erscheinen ihr Kandidaten, die sich nüchtern und sachlich als Funktionsträger in einem Unternehmen begreifen, sich auf die Aufgabe konzentrieren oder beschränken wollen, zu deren Erfüllung sie eingestellt sind, und sich weigern, soziale und emotionale Befindlichkeiten – die eigenen wie diejenigen anderer – zu berücksichtigen. Kandidaten, die sich als Funktionsträger in einem Wirtschaftsunternehmen begreifen, fallen selbst bei bester Qualifikation durch das Raster.

Was die bisher zugespitzt dargestellten Haltungen gemeinsam haben, ist der Fokus auf sich selbst als Dreh- und Angelpunkt. Die von uns bevorzugte Grundeinstellung strukturiert das Bewerbungsverfahren als wechselseitiges Werben:

„Wir betrachten das Bewerbungsverfahren als Flirt. Es geht darum, dass beide umeinander werben. Der Kandidat soll uns mitteilen, warum er sich bei uns bewirbt, und wir bewerben uns beim Kandidaten und sagen ihm, warum wir gerade ihn wollen."

Metaphorisch gesprochen können Kandidat und Unternehmen als auf der Suche nach dem Tanzpartner verstanden werden. Kandidat und die Repräsentanten des Unternehmens empfinden wechselseitig Attraktivität, nähern sich einander auf spielerische Art und erhalten im Idealfall den Wunschpartner. Der Kandidat soll sagen: Dieses Unternehmen ist genau das, was ich gesucht habe. Und das Unternehmen soll sagen: Genau diesen Kandidaten haben wir gesucht. Eine perfekte Passung, neudeutsch: perfektes matching.

Sicher, die Unterscheidungen folgen einer groben Typologie. Gleichzeitig einer, die helfen kann, die eigene Haltung zu Unternehmen und Kandidaten bewusst zu machen und einer systematischen Revision zu unterziehen. Denn für die Kandidatensuche macht es einen gravierenden Unterschied, ob – plakativ gesprochen – ein Besucher willkommen geheißen wird oder eine fürsorgliche Führungskraft oder der eitle Pfau oder der Fachverliebte. Drei Beispiele, die dann ein gezieltes Umwerben ermöglichen, wenn die Personalentscheider wissen, was sie aus welchen Gründen und mit welchen Absichten suchen.

Der Besucher ist willkommen – für eine Weile, denn von ihm wird erwartet, er werde bitte dann-und-dann, nachdem er angelagerten Staub aufgewirbelt (seine Funktion erfüllt) hat, Abschied nehmen. Diese Geschäftsgrundlage gilt oft bei start ups, kleinen Unternehmen oder KMUs, die sich im Wandel befinden und für jede Phase im Change Prozess eine andere Führungsfigur benötigen. Etwa den trouble shooter, der solange herumwüten darf, bis das Unternehmen Aussicht darauf hat, in die Phase der Solidität hineinzuwachsen. Die Kandidatensuche sollte sich dann bewusst und gezielt um solche Persönlichkeiten bemühen. Im Gegensatz dazu: Oder wird der Patriarch beziehungsweise die Matriarchin als Versinnbildlichung für fürsorgliche Führungsfiguren gesucht? Ihre Stärke liegt darin, in Phasen extremer Unruhe auf der emotionalen Klaviatur zu spielen, bis die Gemüter abgekühlt und die Unternehmensmitglieder wieder belastbar sind.

Vielleicht wird der Pfau gesucht: Ein Kandidat oder eine Kandidatin, der oder die sich in persona und damit (!) das Unternehmen als außergewöhnliches repräsentieren können muss? Diese Suchrichtung resultiert aus der Annahme nur ein Auftritt in exklusiven Gewändern und ebenso auffallendem Verhaltensstil erfülle die Repräsentationspflichten. In manchen künstlerischen Wirkfeldern, in der Online-Welt (zum Beispiel Spieleentwicklung) scheint dieses Dogma das Gebot der Stunde zu sein. Personalentscheider stellen hier die Fähigkeit zu impression management in den Vordergrund.

Der Fachverliebte als Suchfeld lenkt die Auswahlkriterien auf Kandidaten, die nicht mehr und nicht weniger anstreben als dies: Die persönliche fachliche Qualifikation dauerhaft als Beitrag zum Unternehmenserfolg einzusetzen, an ihr zu feilen und dazuzulernen und jeden Morgen mit einem Lachen in den Augen zur Firma aufzubrechen, weil sie experimentelle Freiräume ausschreiten können und sich ins Team integrieren.

Man kann die Typologie ersetzen und fragen: Betrachten wir Neubesetzungen grundsätzlich als Last? Als unvermeidbare Pflicht? Als willkommene Option, neues Wissen, neue Kompetenzen, neue Blickwinkel ins Unternehmen zu holen? Eine kompetente Personalsuche und -auswahl bedingt, sich die Eigentümlichkeiten des Unternehmens, die Haltung zu Kandidaten und Mitarbeitenden generell, sowie des Unternehmensbereichs klar zu werden, für den eine Position zu besetzen ist. Je nachdem, wie die Antworten ausfallen, werden die Persönlichkeits- und Anforderungsprofile für die Kandidaten aussehen. Erst vor diesem Hintergrund können Personalentscheider die Gruppe der grundsätzlich Geeigneten identifizieren und in diesem Goldfischteich angeln, sprich: um sie werben. Ein Paradebeispiel für ein solches Umwerben:

Die Forschungs- und Entwicklungsabteilung eines Biotechnologie-Unternehmens suchte eine neue Leitung. Zu verabschieden war eine fachlich herausragende Kapazität, die seit fast dreißig Jahren diese Funktion ausübte. Im Zusammenspiel mit der Personalabteilung hatte diese Koryphäe stets darauf geachtet, ausgewiesene Experten und Expertinnen mit folgenden nicht fachlichen Charakteristika zu holen: Vertrauenswürdigkeit und Mitteilsamkeit (Offenheit, eigene Ideen weiterzugeben und fremde zu adaptieren) als Bedingung der Möglichkeit für innovative Forschung und Entwicklung; Bedeutsamkeit und innere Verpflichtung, zu einem guten, fröhlichen Teamklima beizutragen; Kritik als Kritik an der Sache äußern und nicht als Kritik an der Person aufzufassen; entsprechend: Formulieren von Kritik als konstruktive Hinweise für die Sache; Mut, einen Konflikt in einem fairen Geist auszutragen, wenn es sich nicht vermeiden lässt.

Da F&E in der Regel langwierige Projektarbeit bedeutete, betonte er in den Bewerbungsgesprächen seinen Wunsch, der Kandidat möge prüfen, ob er sich vorstellen könne, über Jahre zu bleiben.

Dieser Anforderungskatalog spiegelt die Eigentümlichkeiten, mit denen der Leiter in den Kandidatengesprächen warb. Die Kriterien schälen Kernmomente der Abteilungskultur heraus.

Die Personalchefin flankierte die Werbung des Leiters dadurch, dass sie in den Kandidatengesprächen die Unternehmenskultur in Bezug auf die Abteilungskultur in F&E ausmalte. Dabei hob sie hervor, dass das Kulturprimat des Unternehmens darauf liege, eine solche Kultur wie in F&E neben anderen spezifischen Teilkulturen zuzulassen. Die Kernwerte und -normen müssten allerdings unternehmensweit als Regularium anerkannt werden.

Dieses Unternehmen bot keine exorbitanten Gehälter. Dafür aber – berichtete der platzierte Kandidat dem Personalberater – ungewöhnlich viele Freiräume in Bezug auf Arbeitsorganisation und Zielerreichung, Forschungsspielräume und Budgetierung, Teilhabe an wichtigen Entscheidungen und Debattenkultur, Arbeitszeit und work-life-balance.

Die genannten Komponenten als Attraktoren für Bewerber in F&E wurden auch wissenschaftlich erforscht. Beispielsweise von dem Präsidenten der Fraunhofer Gesellschaft, Hans-Jörg Bullinger in dem Artikel „Teile und Forsche" (*Technology Review*, Oktober 2010, S. 41-42): Dort unterfüttert er die Bedeutsamkeit einer Vertrauens- und Teamkultur für die Motivation, innovativ tätig zu sein. Einzelkämpfernaturen seien in der Innovationsentwicklung zum Scheitern verurteilt, denn das hohe Innovationstempo und der enorme Innovationsdruck zwängen zu engmaschiger Vernetzung zu einem Netzwerk schöpferischer, interdisziplinärer Dialoge über Abteilungen, gar über das Unternehmen hinaus, etwa zu Hochschulen und Forschungseinrichtungen auch anderer Länder. Außerdem müssten die Mitarbeiter Wissen teilen und abgeben wollen, um gemeinsam Wissensschätze heben zu können. Das bedinge eine Kultur des Vertrauens, die gewährleiste, dass Personen mehr Vorteile hätten, wenn sie Wissen teilten als wenn sie es für sich behielten. Eine innovationsfreundliche Unternehmenskultur kennzeichne sich auch dadurch, dass sie über die Führungspraxis dafür sorge, dass Mitarbeitende kooperieren, dass sie Entfaltungs- und Experimentierräume hätten und davon ausgehen könnten, dass Vorgesetzte, Kollegen und Mitarbeiter mit Risiken und Fehlern konstruktiv umgehen. *„Offenheit erzeugt Offenheit – Wer kreative Köpfe fordert, fördert und wertschätzt, setzt die richtigen Akzente für die Entwicklung und Vermarktung innovativer Ideen. Angst, Machtkämpfe und ein Unternehmensklima, in dem Fehler bestraft werden, sind effektive Ideenkiller. Ohne eine Vertrauenskultur und die Bereitschaft, Neues zuzulassen, kann es keine Innovation geben."*

Von den Kandidaten wird erwartet, dass sie diese Werte, Einstellungen und Praktiken gutheißen und das Ihre dazu beitragen, indem sie ausgeprägte Teamplayerqualitäten mitbringen. Damit ist nicht nur die Bereitschaft gemeint, sich gern zu integrieren, sondern zudem die Absicht, einen aktiven Beitrag dazu zu leisten, dass ein innovationsförderliches Zusammenarbeiten im Team gedeihen kann.

Die aufgeführten Punkte gelten zwar nicht in allen Branchen als primäre Attraktoren, aber doch in sehr vielen, besonders auf technologieaffinen Gebieten wie Energie, Gesundheit, Mobilität, Kommunikation, Sicherheit. Hier gilt es, Zukunftsmärkte mit Forschungsstrategien zu verbinden. Kandidaten könnten hier auch damit gewonnen werden, dass sie Gelegenheiten erhalten, eine persönliche Mission oder Vision erforschen zu dürfen.

Ganz anders müssen Unternehmen ansetzen, die einen ungünstigen Standort haben, etwa auf dem Land, in als öde abgeschriebenen Regionen eines Landes (beispielsweise neue Bundesländer der Bundesrepublik Deutschland, Teile Baden-Württembergs). Die Werbung dreht sich in diesen Fällen zunächst um die Rahmenbedingungen, die für die umworbenen Zielgruppen bedeutsam sind. Personalentscheider umwerben, zugespitzt gesagt, Lebensepisoden.

Ein mittelständisches Unternehmen mit einem nicht gerade als Highlight be-kannten Standort in den neuen Bundesländern hatte sich einiges einfallen lassen, um sich besonders für High Potentials hübsch zu machen. Es bot als Entrée eine Art Rundum-Sorglos-Paket. Ziel war, bereits nach dem ersten Gespräch mit Kandidaten ein Commitment von den Kandidaten zu erhalten. Dazu bot das Unternehmen an: Die Familie wurde zu einem Wochenende eingeladen, um – auf Wunsch von Ortskundigen geführt – die Stadt und das Umland anzuschauen. Ferner gab es ein Abendessen gemeinsam mit den zukünftigen Kolleginnen und Kollegen, um sich gegenseitig in einem informellen Kontext beschnuppern zu können. Außerdem bot das Unterneh-men Unterstützung bei der Wohnungssuche an. Selbst der Nachwuchs wurde bedacht: Das Unternehmen suchte Schulen aus, besuchte diese mit den Kan-didaten beziehungsweise Eltern. Dieses Engagement begründete das Unter-nehmen mit einem unternehmenskulturell wichtigen Wert. Der Grundton: „Wir wollen keine Wochenendheimfahrer, weil das erstens selten der Partner-schaft oder Familie zugute kommt, sondern sich häufig belastend auswirkt. Wir wollen auch nicht, dass unser Mitarbeiter seine wertvolle Energie auf der Autobahn oder im Flugzeug verplempert. Uns ist wichtig, dass er seine arbeitsfreie Zeit zur Erholung einsetzt." Diese Begründung kam bei vielen Kandidaten vor allem deshalb gut an, weil sie transparent und ehrlich klingt. Denn das Unternehmen gibt nicht vor, aus rein altruistischen Motiven seine Fürsorge zu entfalten, sondern aus Überlegungen heraus, die Unternehmen und Kandidaten Vorteile bringt.

Dass Unternehmen auch um sogenannte ältere Mitarbeiter, Experten wie Führungskräfte, werben müssen, hat sich inzwischen herumgesprochen. Der im Herbst 2010 durch die Medien geisternde und angeblich überra-schend ausgebrochene Mangel an Fachkräften kann als ein Motiv für die explizite Suche nach Fähigen der Generation „40+" und „50+" gelten. Au-ßerdem belegen immer mehr Studien, dass die Effektivität altersgemischter Teams höher liegt als die altersmäßig homogener Gruppen (zum Beispiel *Süddeutsche Zeitung* vom 13.10.10 *„Das stärkste Team"*; Hanspeter Reiter, *Generation 50 plus in: Verlagshandbuch 2/2010, 1-16; Julia Löhr, Ein roter*

Teppich für die Frauen (zwischen 40 und 50), in: *Frankfurter Allgemeine Zeitung* 23.10.2010, C3).

Bei Personalern muss sich diese Erkenntnis indes noch durchsetzen. Immerhin steht diese Thematik auf der Agenda kompetenter Personalarbeit, sei es unter dem Titel „Altersmanagement", „50plus" oder als ein Feld im Programm von „Gesundheitsmanagement". In den Vordergrund rücken damit Überlegungen, wo die Spezifika der Bedürfnisse von „älteren" Unternehmensmitgliedern liegen könnten. Prominent sind Aspekte der Gesundheitsförderung, vor allem physischer Gesundheit. Allmählich sickern auch Erkenntnisse aus den Neurowissenschaften durch, die belegen, dass die lebensphasenspezifischen Akzente von Älteren und Jüngeren einander bereichern können. Etwa gilt als erwiesen, dass Ältere – im Unterschied zu Jüngeren – aufgrund ihres Erfahrungsreichtums sich leichter damit tun, ruhig, effektiv, fehlerarm und souverän auch in Stresszeiten zu bleiben und improvisationssicher handeln können, wenn Routinen nicht funktionieren. Ältere haben – siehe Kapitel 1 – mehr Material durch Wissen und Können, Erlebnisse und Erfahrungen zur Verfügung und sind in der ausgesprochen vorteilhaften Lage, intuitiv (und damit: schnell) das in einer aktuellen Situation Entscheidende oder Richtige zu tun. Demgegenüber punkten Jüngere mit einer rascheren (gleichwohl weniger tiefen) Auffassungsgabe, wenn es darum geht, Neues zu lernen. Ältere brauchen zwar länger, dafür verankern sie das Gerlernte fester. Der Zugriff von Älteren auf gerade neu erworbenes Wissen ist zuverlässiger als bei Jüngeren, eben weil diese mehr huschen als sitzen bleiben und schauen. Das, was als Multitasking lange gefeiert und bewundert wurde und unter Jüngeren als eine Art Intelligenznachweis hochgehalten wird, gereicht zum Nachteil: für Konzentration und für Gedächtnisbildung, für Zugriff auf Kompetenzen (zum Beispiel Hans-Joachim Markowitsch, *Dem Gedächtnis auf der Spur. Vom Erinnern und Vergessen.* Darmstadt 2002).

Daraus folgt, dass Unternehmen sich einrichten sollten auf spezielle Bedürfnisse der älteren Zielgruppe. Auch hier können Unternehmen intern und extern ansetzen. Intern vorzugsweise mit speziellen präventiven und kurativen Gesundheitsprogrammen, Maßnahmen in der Weiterbildung, spezifischen Arbeitszeitregelungen und bedarfsgerechter Aufgabenzuteilung. Für solche Vorkehrungen wird BMW immer wieder beispielhaft genannt. Unternehmen sollten zudem prüfen, womit sie extern werben können. Gemeint sind Vorzüge des Umfeldes, in dem die Firma verortet ist. Unternehmen aus der Bodenseeregion tun das explizit. Bezüglich der Klientel Ende 40 oder 50 plus ist erwiesen, dass sie ungern weite Wege zum Einkaufen oder in die Natur zurücklegen. Oder dass sie besonders viel Wert auf Mobilität legen: mit dem Auto wie mit öffentlichen Verkehrsmitteln. Ein noch wenig erforschtes Feld. Gleichzeitig gibt es inzwischen so viele Anhaltspunkte, dass Personalentscheider „Werbematerial" sammeln und aufbereiten können, um sehr erfahrene Kandidaten auch dann gewinnen zu können, wenn das Unternehmen nicht in Hamburg an der Alster, sondern im Allgäu in den Bergen liegt (siehe auch: Hendrik Ankenbrand, *Die Älteren sind wieder da*, in: *FAS*, 7.11.10, 46f; Dagmar Preißing (Hrsg.), *Erfolgreiches Personalmanagement im demographischen Wandel*, München 2010).

Geld als Werbemittel, um „die Geeigneten" zu finden? In schöner Regelmäßigkeit wird Gehalt als Attraktor oder Nicht-Attraktor verhandelt. Die Diskussion läuft seit Jahrzehnten, die Ergebnisse wiederholen sich: Ab einem bestimmten Gehaltsniveau, das historisch natürlich unterschiedlich ausfällt, spielt Gehalt als Attraktor kaum eine bis keine Rolle. Für Einsteiger, Anfänger und Personen mit wenigen Berufsjahren ist es ein bedeutsames Moment unter anderen – zunehmend überholt von „Wertschätzung", „gutes Klima", „sicherer Arbeitsplatz" und „interessante Aufgaben" (zum Beispiel Friederike Nagel, *Verdienen, was man wert ist*. In: *Süddeutsche Zeitung* 16.10.2010). Als entscheidende Werbekomponente empfiehlt es sich aus Unternehmenssicht ohnehin nicht. Denn wenn ein Kandidat sich maßgeblich wegen des im Vergleich höheren Gehalts locken lässt, dann lässt er sich auch von anderen Unternehmen durch ein noch höheres verführen.

Die Wahrscheinlichkeit ist zumindest hoch, denn Gehalt ist ein externaler Antriebsfaktor, und wer für externe Reize ausgeprägt empfänglich ist, gibt dem Werben eher nach als nicht.

Die vermutlich kürzeste Formulierungsvariante für eine Haltung des Werbens sind zwei Fragen, die Personalentscheider stellen sollten: Warum möchten Sie, Frau oder Herr Kandidat, zu uns? Was macht uns aus Ihrer Sicht und für Sie attraktiv? Und: Warum sollten Sie unbedingt zu uns wollen? oder: Was müssten wir bieten, damit wir Sie gewinnen können?

Augenzwinkernd: Personalentscheider können das üben: Sie nehmen die Perspektive des Kandidaten ein und fragen: Was fällt mir als Kandidat zuerst auf? Diese Frage wird dem normalen Ablauf von Kandidatenauswahlverfahren, vor allem den Gesprächen mit den Kandidaten angelegt. In den ersten Runden machen die Antworten durchaus nachdenklich. Erfahrungsgemäß dominieren in der ersten Runde dieser Rollenspiele oder Simulationen Erkenntnisse, die weniger dem Um- und Bewerben dienen als dem Abwerben.

Einige Kostproben aus Personalersicht zum Abschluss des Kapitels: *„Wir reden die meiste Zeit und befragen den Kandidaten zu wenig. Wir preisen uns an, ohne zu überprüfen, ob das, was wir anpreisen, das ist, was der Kandidat erfahren möchte, ob es ihm wichtig ist.“ – „Ich komme zu wenig gut vorbereitet in das Gespräch. Manchmal habe ich nicht einmal die Unterlagen überflogen! Also frage ich den Kandidaten erst einmal Daten ab – ein denkbar schlechter Einstieg und Eindruck.“ – „Wir Personaler sind manchmal vermutlich zu psychologisch. Das wurde selbst mir einmal bewusst, als meine Kollegin den Kandidaten fragte, woher er seine Energien erhalte und wie die Energien fließen würden. Ich selbst kapierte nicht, was sie eigentlich wissen wollte.“ – „Wenn Kandidatinnen souverän auftreten, lautet das Urteil oft „zickig“ und „zu männlich“, wenn Männer es tun, „arrogant“. – Ich glaube, da müssen wir klären, wie wir Souveränität ausdeuten.“*

2.5 Personalentscheider nötigen Kandidaten zu kritischer Selbstbefragung

„Der beste Mann am falschen Platz" titelte die *Frankfurter Allgemeine Sonntagszeitung* (FAS) vom 7.11.10. Anlass des Berichtes war der erste Jahrestag des Todes unseres ehemaligen Nationaltorwarts, der sich am 15. November 2009 das Leben nahm. Im Zusammenhang mit diesem traurigen Anlass sprachen Thomas Klemm (FAS) und der Freund und Berater Robert Enkes, Jörg Neblung, in derselben Ausgabe über die Biografie des Torwartes und Möglichkeiten, wie die einem depressiven Schub zugeschriebene Tat hätte verhindert werden können.

In demselben Jahr sowie im darauf folgenden, 2010, waren zeitweise Zeitungen gesät mit Meldungen von Selbsttötungen in einem französischen Konzern, aus japanischen und chinesischen Unternehmen.

Selbstverständlich ist es eine Vielfalt an Faktoren, die solche Tragödien durch ihre Wechselwirkungen untereinander erzeugen. Die gelebte Kultur eines Unternehmens, die Inselkultur der Abteilung oder des Teams und vornehmlich der Umgang miteinander und die Werte, die diesen Umgang prägen, haben maßgeblichen Einfluss darauf. Im positiven Fall einer gefeierten Unternehmenskultur schreiben sich insbesondere zwei Gruppen einen entscheidenden Anteil daran gut: Personaler und Führungskräfte, weil sie nachweislich und ob sie es wollen oder nicht eine vorbildhafte Wirkung ausüben. Für sie trifft in ausgezeichneter Weise zu, was in der Psychologie der Kommunikation als Devise gilt: „Man kann nicht nicht kommunizieren." Sobald Personaler oder Führungskräfte in ihrer Funktion von Mitarbeitenden wahrgenommen werden, dienen sie – oft unbewusst – als Modell. Insofern können sie einen Teil der praktizierten Kultur auf ihre Fahne schreiben. Geht es um die Auswahl von Kandidaten, reklamieren sie durchaus den Hauptteil gelungener Besetzung für sich. Ihrem Auswahlgeschick schreiben sie dann zu, „die Richtigen an die richtigen Plätze" gesetzt zu haben – mit der Folge, dass diese gut gelaunt, motiviert und leistungsstark arbeiten.

Nehmen wir diese Zuteilung ernst, haben Repräsentanten aus beiden Gruppen der Personalentscheider auch Teil daran, wenn es schief läuft: Wenn „die Richtigen" oder „die Besten" eben am „falschen Ort" oder einem „schlechten Platz" sitzen und deshalb als „Fehlbesetzung" gelten müss(t)en. Da diese Diagnose immer erst im Nachhinein gestellt werden kann, also mit einem timelag verbunden ist, bevorzugen wir eine gründliche Auswahl von Personen.

Dieses Kapitel ergänzt unsere bisherigen Überlegungen und praktischen Maßnahmen um den Blick auf die kritische Selbstbetrachtung des Kandidaten. Dabei sind zwar Führungskräfte und Personaler gefordert. Erfahrungsgemäß und dank der Spezialisierung der Experten in der Personalabteilung sollten diese in besonderer Weise den Kandidaten unterstützen. Ziel ist, dem Kandidaten dabei behilflich zu sein, einen eigenen Beitrag dazu zu leisten, einer etwaigen Fehlbesetzung vorzubeugen. Doch auch wenn hier der Kandidatenbeitrag im Mittelpunkt steht: Personalern schreiben wir dabei die Funktion des Geburtshelfers zu. Und weil wir das tun, sind sie – wieder einmal – als erste angesprochen.

Kommen wir kurz auf Robert Enke zurück. In Nachbetrachtungen, die unterschiedliche Personen zu seinem Schicksal anstellen, fällt ein gemeinsamer Zug auf. Als Frage formulierte ihn Jörg Neblung: „Was hätten wir besser machen können?" Mit einer solchen Rückbetrachtung, so die Annahme, lässt sich ein Geschehen rekonstruieren. „Aus Fehlern lernen" lautet das Motto. Die Retrospektive birgt allerdings zahlreiche Fallen. Eine dieser Fallen besteht darin, dass Menschen die Rekonstruktion mit moralischen Schuldzuweisungen verknüpfen. Sobald sie das tun, möchten sie mit einem Ereignis am liebsten nichts zu tun haben. Aus diesem Grund bleibt ein „Wir" häufig so abstrakt, dass sich konkrete Personen kaum als mitverantwortlich wahrnehmen. (Das ist übrigens nachvollziehbar: Denn wer im Rahmen der Antwort genannt wird, dem haftet eine Spur von Schuld an. Die damit verknotete Selbstbezichtigung sowie die soziale Sanktion werden gefürchtet – und so erstaunt es kaum, dass Antworten auf diese Frage oft mehr weiße Stellen lassen als sie mit schwarzen Buchstaben ausfüllen.) Die Auswirkung dieser Falle wird landläufig beschrieben mit den Worten: „Der will sich aus der Affäre ziehen." Diese Tendenz kann aufgehalten werden, wenn die Frage umformuliert wird, sodass die Augen nach vorne und nicht nach hinten gewendet werden: „Was können wir im Vorfeld tun, damit ....?" Energie und Motivation werden in die Zukunft gerichtet. Damit wird Vorbeugung möglich.

Warum knüpfen wir an die Tragödie von Robert Enke im Zusammenhang mit dem Risiko von Fehlplatzierungen an? Weil sie kein Einzelfall ist und weil sie eine Struktur erkennen lässt, die auch in Unternehmen wirkt.

Warum benennen wir dieses Ereignis in Verbindung mit dem Vorschlag, die kritische Selbstbefragung als Komponente im Rahmen der Kandidatenauswahl zu institutionalisieren? Weil wir in der kritischen Selbstreflexion eine präventive Maßnahme sehen: Sie kann davor bewahren, sich ins Unglück zu stürzen, selbst dann, wenn man glanzvolle Leistungen bringt. Die Nachweise kann jeder den Berichten zum Syndrom des Burn-outs entnehmen (zum Beispiel Frank Krause, *Notstopp – Ein Manager mit Burn-out steigt aus.* Books on Demand 2010).

In Unternehmen ist das „Wir" nicht abstrakt. Die Hauptakteure sind identifizierbar: Personaler, Führungskräfte, Berater und Kandidaten.

Für die erwähnte Prävention bedarf es eines exakt bestimmbaren Beitrages von Personalern, Führungskräften und Kandidaten. Der ist unterschiedlich gefragt. Steve Mills, beispielsweise, der für den Aufsichtsrat des Computerherstellers Hewlet-Packard auserkoren war, brauchte keine begleitete Selbstbefragung, um zu entscheiden, wo er sich angemessen und gut platziert fühlte: als Nachfolger von Konzernchef Mark Hurd oder bei IBM, wo er als Chef von Hard- und Software Produkte entwickeln könne – dank genügend materieller und monetärer Ausstattung in Kombination mit den „nötigen Talenten" (*Wirtschaftswoche* 45, 8.11.2010, S. 125).

Eine hilfreiche Faustregel für Personaler und Führungskräfte: Sie sollten jüngere Kandidaten gleichsam dazu nötigen, das eigene Selbstbild in Beziehung zu setzen mit den Anforderungen und daraus folgend mit der persönlichen Leistbarkeit am neuen Ort. Aufpassen müssen vor allem Führungskräfte: In der Regel vernsäumen sie vor lauter Erleichterung, einen fachlich qualifizierten Anwärter gefunden zu haben, mit dem Kandidaten zu überprüfen, ob er am neuen Ort mit den dortigen Menschen in der neuen Funktion froh werden kann. Kandidaten, die bereits erfahren und eher im mittleren Management angesiedelt sind, nehmen nach anfänglichem Stirnkräuseln die Einladung zur Selbstreflexion normalerweise gern an. Denn: Sie befinden sich in einer Lebensphase, die einer Weggabelung nahe kommt: Beruflich können (wollen?!) sie noch „nach oben" – gleichzeitig fordert die Familie Anwesenheit, und auch die eigene Batterie meldet in kürzer werdenden Intervallen „Reserve". Eine ideale Bedingung dafür, innerlich zerrissen zu werden und im Kollaps (Burn-out) zu enden.

Auch Kandidaten sind gefordert. Selbst wenn sie von dem Ruf getragen werden, zur Elite eines Fachs zu gehören, und gerade dann, wenn sie sich selbst dem Kreis der Auserwählten zurechnen, sollten sie der Gefahr ins Antlitz schauen. Die Verlockung ist enorm, das Urteil der anderen zu übernehmen, die Lorbeeren in großen Körben mit sich herumzutragen und sich selbst zu überschätzen, fachlich wie im Bereich sozialer Fähigkeiten. Stattdessen sollten sie das tun, was ihr Credo ist: offen sein für Neues. Und das heißt in diesem Fall: Bereit sein, ihre Selbstwahrnehmung einer kritischen Revision zu unterziehen und im Dialog mit den Personalentscheidern analysieren, welche Bedingungen für eine nachhaltig erfolgreiche Platzierung gelten müssen. Die Analyse fragt sowohl nach dem, was von der Seite des Unternehmens geliefert oder ermöglicht werden müsste, als auch danach, was vom Kandidaten mitgebracht wird und wozu er bereit ist.

Für alle Beteiligten liegen Schlingen auf dem Weg aus. Einige wesentliche und typische gehen wir durch und schauen, was sie gefährlich macht und wie die Schlinge in eine hübsche Schleife transformiert werden kann.

In der *Süddeutschen Zeitung* vom 25.09.2010 schreibt Petra Meyer über *„Angst vor dem Scheitern. Junge Deutsche meiden die Selbstständigkeit. Welche Eigenschaften brauchen erfolgreiche Existenzgründer?"* (S. V1). Zweifellos geht es im Kontext von Platzierung und dem Risiko der Fehlbesetzung nicht um Existenzgründer. Gleichzeitig gilt: Die Rhetorik der Selbstständigkeit durchzieht Literatur und Praxis gerade in der Wirtschaft. Ob nun „Intrapreneure", „Unternehmer im Unternehmen" gesucht werden oder „selbstverantwortliche", „selbstsichere" oder „selbstmotivierte" Mitarbeiter – immer steht die Forderung im Zentrum, möglichst autonom und souverän Herr und Frau der Lage zu sein, alle und alles im Griff zu haben und damit zum Unternehmenserfolg beizutragen.

„Was wir brauchen", erläuterte die Verantwortliche für Recruiting und Personalentwicklung, *„sind Männer und Frauen, die handeln, als sei es ihr eigenes Unternehmen. Wenn wir Uniabsolventen wollen, suchen wir deshalb gezielt an Eliteuniversitäten. Und wenn wir erfahrene Manager suchen, dann wenden wir uns an Berater, die sich auf solche Leute spezialisiert haben."*

Der oben genannte Artikel greift zudem etwas auf, das (bedauerlicherweise) von der überwältigenden Mehrheit von Personalentscheidern, sogar Beratern, aufgegriffen wird: die Frage nach Eigenschaften.

„Das heißt", führte die Personalentwicklerin aus, *„wir brauchen Leute, die nicht nur fachlich hervorragende Zeugnisse haben, sondern auch intelligent und kreativ, die leistungsstark und belastbar sind, die nach Herausforderungen suchen, zielstrebig und durchsetzungsstark für ihre Ideen einstehen: Wir suchen energische Leute, die auch 'mal Tacheles reden können, ohne dass sie andere gleich abschrecken. Sozialkompetent und teamfähig sollten sie natürlich sein. Wir brauchen Leute, die offen für Neues sind und sich aus der Komfortzone herauswagen. Wir brauchen Macher und Gestalter."*

Eine bemerkenswerte Liste von Eigenschaften (deren Widersprüchlichkeit wir momentan großzügig ignorieren). Ausschreibungstexte wimmeln davon, und auch Beurteilungen pflegen die Sprache der Eigenschaften: Er oder sie „ist tüchtig", „ausdauernd", „empathisch", „emotional kompetent", „konfliktfähig". Lauter Worthülsen! Aus der Vielzahl von sehr kritischen Anmerkungen wählen wir nur drei aus. Sie entfalten allerdings enorme Hebelwirkung, sobald sie von Personalerentscheidern beherzigt werden.

Erstens: Seit Anfang des 20. Jahrhunderts wird die sogenannte Eigenschaftstheorie der Führung in unregelmäßigen Abständen immer wieder ausgegraben, in die Luft gehoben und gerufen: „Schaut her, so müssen erfolgreiche Manager sein!" – Dumm nur, dass es sich dabei grundsätzlich um eine endlose Liste handelt. Bis heute hat es kein Wissenschaftler, geschweige denn Praktiker, geschafft, eine Liste mit hinreichenden Eigenschaften zusammenzustellen. Dumm auch, dass es Listen mit Eigenschaften gibt, die einander widersprechen. Dumm zum Dritten, dass die Eigenschaftstheorie nur die Eigenschaften fixiert, nicht aber den Kontext untersucht, in dem die Eigenschaft ihr Genie ausbreiten können soll. Schließlich: Dumm, dass die Eigenschaftstheorie weder wissenschaftlich in der Theorie noch in der Empirie gestützt werden kann. Es gibt längst Modelle und empirische Studien, die Eigenschaften bestenfalls als eine der vielen Komponenten für „gute Führung" definieren und lediglich einzelne spezifische Eigenschaften (die in Wahrheit Fähig- und Fertigkeiten sind) als günstige Voraussetzungen herauskristallisieren. Als Neuauflage dieses Eigenschaften-Hurras kann die kurzweilige Welle um die „Alpha-Tiere" gelten. (Kate Ludeman, , Eddie Erlandson, *Coaching the Alpha Male*, *Harvard Business Review*, May 2004, 1–12; und: *Are Overconfident CEOs Born or Made? Evidence of Self-Attribution Bias from Frequent Acquirers*; www.comlink.de, *Brauchen wir Alpha-Tiere als Führer? Was bedeutet der Trend zur „Führungspersönlichkeit wirklich?* Unter anderem Beiträge der von Matthew T. Billetta and Yiming Qianb, May 2006; Olaf Storbeck, *Selbstüberschätzung bei Managern. Ich, das Genie*, in: *Handelsblatt* 14.7.2008) Auf Eigenschaften zu setzen, ist zum einen heikel und zum anderen fast überflüssig. Auf sie kommt es am wenigsten an. Das belegen sowohl empirische Studien als auch wissenschaftliche Untersuchungen – und, als Kronzeuge – die Praxis. Nicht umsonst gibt es die Redewendung „learning by doing". Auf der Grundlage von Erkenntnissen aus Sozialpsychologie, Neurowissenschaften und Soziologie können Behavioral Scienes und Experimentelle Ökonomie nachweisen, dass es das Umfeld ist, das mit einem beachtlichen (mit Zahlen nicht bezifferbaren) Anteil darüber entscheidet, welche Fähigkeiten zu Fertigkeiten beziehungsweise welche „Eigenschaften" entfaltet werden können (zum Beispiel Mark Fehr, *Als Zerrbild entlarvt. Wirtschaftswoche 45,* 8.11.2010, S. 48; Dan Ariely, *Denken hilft zwar, nützt aber nichts: Warum wir immer wieder unvernünftige Entscheidungen treffen,* München 2008; Dan Ariely, Dan *Fühlen nützt nichts, hilft aber: Warum wir uns immer wieder unvernünftig verhalten,* München 2010). Wie heißt es so schön: „Wie man sich bettet, so schläft man auch." Auch wenn die Schlafforschung inzwischen mehr Gründe für einen guten Schlaf ausgemacht hat als nur das Bett: Das Bett, worin Kandidaten eingebettet sind, wirkt als Bedingung der Möglichkeit für die Entfaltung von Leistungen. Der Kontext und damit die Rahmenbedingungen, innerhalb derer sich ein Kandidat bewegt, stehen in einem direkten Verhältnis zu Motivation, Potenzialentfaltung und Leistung. Das illustriert die folgende Episode:

Dem Bereich Beschaffung eines Industrieunternehmens waren unter anderem die Abteilungen „operativer" und „strategischer Einkauf" unterstellt. Der operative Teil verantwortete das Tagesgeschäft, während der strategische auf dem gesamten Globus nach möglichen Zulieferern, strategischen Einkaufsallianzen und weiteren günstigen Bedingungsgefügen zu schauen hatte. Das operative Team war vorzugsweise auf dem westeuropäischen Markt aktiv, pflegte die bisherigen Zulieferer, kümmerte sich um gute Konditionen, hatte aber nicht die Aufgabe, nach Alternativen oder gar strategischen Allianzen im Einkaufsbereich zu fahnden. Dies war eine der Kernaufgaben des strategischen Teams.

Seit vier Monaten arbeitete im operativen Team ein neuer Kollege, der unter anderem mit folgenden Eigenschaften charakterisiert worden war: Zuverlässig, belastbar, begeisterungsfähig, tüchtig, kommunikativ und verhandlungsgeschickt, teamfähig, konzeptionell stark. Bei der Platzierung in das Team war er selber der Überzeugung, am rechten Platz zu sitzen. Doch irgendetwas war schief gelaufen.

Wenn ihn jemand suchte, fand er ihn meistens bei den Kollegen aus dem strategischen Einkauf, und zwar höchst engagiert in hitziger Diskussion über Themen aus der Strategie. Die eigenen Kollegen aus dem operativen Einkauf hatten einige Wochen schmunzelnd zugesehen. Als aber klar wurde, dass der neue Kollege unzuverlässig wurde, begannen sie zu murren.

Als eines Tages sogar der Leiter des operativen Teams vergeblich auf ihn wartete (sie waren verabredet), wurde es ihm zu bunt. Er terminierte mit dem Mitarbeiter ein Gespräch, in dem er ihn zur Rede stellte: Wieso er sich nicht auf seine Arbeit konzentriere und stattdessen bei den Strategien herumlungere. Kein Wunder, dass er sein Pensum nur mit massiven Überstunden schaffen würde! Außerdem lasse seine Zuverlässigkeit zu wünschen übrig! – Zur Verblüffung des Leiters stritt der Mitarbeiter die Kritik keinesfalls ab. Er gab seine Mängel unumwunden, wenn auch etwas verlegen, zu. Das machte den Leiter hellhörig und neugierig. Er fragte, was er, der Mitarbeiter, denn mit den Kollegen aus dem strategischen Einkauf so viel zu tun hätte. Die Antwort kam prompt. Voller Begeisterung berichtete der Mitarbeiter davon, dass er mit den Kollegen konzeptionelle Überlegungen über Entwicklungsmöglichkeiten und Einkaufspolitik, Herangehensweisen an und Verhandlungsweisen in anderen Ländern diskutiere. Selbst Verhandlungsstrategien entwerfe er mit. Zuweilen arbeite er sogar selber Ideen aus, die dann zur Grundlage der internen Meetings geworden seien.

Im weiteren Verlauf des Gesprächs dämmerte es dem Leiter des operativen Teams, dass man den Mitarbeiter verbrennen würde, wenn er im operativen Team bliebe. Seiner Initiative war zu verdanken, dass der Mitarbeiter ins strategische Team versetzt wurde, wo er denn auch mit glanzvollen Leistungen auffiel.

Offenkundig war im Vorfeld der Platzierung von den Entscheidern, einschließlich des Kandidaten, zu wenig darauf geachtet worden, wo dessen Präferenzen und Stärken lagen und wofür genau (!) er sich begeistern konnte. Einkauf ist nicht gleich Einkauf! Und die Eigenschaften, die ihm zugeschrieben worden waren, entpuppten sich, wie vorhin gesagt, insofern als Worthülsen, als sie keinerlei inhaltliche Hilfestellung dazu leisten können, die konkreten Neigungen und Motivationsquellen aufzudecken.

Auch wenn Personalentscheider an dem Eigenschaftskonzept festhalten wollen: Sie können von der Erkenntnis und Erfahrung profitieren, dass jede „Eigenschaft" zu ihrer Entfaltung ein entsprechendes Umfeld braucht. Fehlbesetzt kann nämlich heißen: Weder Personalentscheider noch Kandidat haben erkannt, welches Umfeld welche Art von Potenzial und Kompetenz zum Blühen bringen kann. Daher können Entscheider, denen diese Wechselwirkung bewusst ist, den Kandidaten ermuntern, in einem Dialog mit ihnen an sich selbst Fragen zu stellen, die klärende Wirkung haben.

Die erste Leitfrage lautet: Wie sieht das ideale Umfeld (Kultur, Aufgabe, Verantwortung, Team, Vorgesetzte) aus, in dem ich hervorragende Leistungen bringen möchte und mich entfalten kann? – Detailfragen sind beispielsweise: Wie genau läuft die Zusammenarbeit dort ab? Was tue ich, damit ich als teamfähig beurteilt werde? Wie verhalten sich die anderen mir gegenüber? Welche Art von Aufgaben liegen mir besonders? Wie gehen wir in diesem Team damit um, wenn einer Fehler macht? – Eine zweite Leitfrage zielt auf die Beziehung „Anforderungen der Stelle und Kandidatenprofil". Sie lautet: Wie verstehe ich die Anforderungen – und was genau spricht dafür, dass ich die Anforderungen erfüllen kann? – Detailfragen etwa: In welchen Zusammenhängen war ich ähnlichen Anforderungen ausgesetzt? Wie bin ich sie angegangen? Was fiel mir schwer? Was leicht? Wie gehe ich damit um, wenn ich neue Aufgabe bekomme, zu denen ich noch keine Erfahrungswerte habe? – Das sind exemplarische Fragen, die der Logik folgen: Eigenschaften oder Fähig- und Fertigkeit entfalten sich je nach Umfeldanforderungen. Wird ein Kandidat in ein Umfeld gesetzt, in dem er seine Kompetenzen oder sein Potenzial nicht aktivieren kann, erscheint er „unfähig" oder „deplatziert" – eine Fehlbesetzung.

Zweitens: Personalentscheider sollten unbedingt bedenken: Eigenschaften sind nicht beobachtbar. Eigenschaften nähren sich von Überlegungen und sind Schlusspunkte einer Kette von kleinen Schlussfolgerungen. Menschen kommen zu Eigenschaftsaussagen, indem sie von Beobachtungen ausgehen, diese bewerten und von dort auf das (zurück-)schließen, was der Beobachtung zugrunde liegt. Sie schließen von dem, was sie sehen oder hören und bewerten, auf die Ursache. Etwa: Knipst eine Führungskraft das Licht im Büro morgens als erste an und als letzte am Abend (in der Nacht) aus, dann gilt sie entweder als außergewöhnlich fleißig, vorbildhaft engagiert – oder, wenn die Kultur des Unternehmens Wert legt auf die Gesundheit ihrer Mitglieder, als überfordert, burn-out-gefährdet und Coaching-bedürftig. Eigenschaften werden zugeschrieben: Eine Person „hat" sie nicht, sondern sie erhält sie durch andere Menschen. Und die tun das nach ihrer höchst persönlichen Fasson!

Eine Kandidatin bewarb sich um die Position der Junior-Beraterin in einem Beratungsinstitut mit 48 Beratenden. Geführt wurde das Unternehmen von zwei Partnern. Diese waren charakterlich fast gegensätzlich: der eine cool und intellektuell, der andere emotional, fast cholerisch und gleichzeitig charmant. Die Partner hatten je ein Gespräch mit der Kandidatin gemeinsam und eines allein geführt. Nun waren alle Beteiligten übereingekommen, die Kandidatin werde mit jedem Partner ein zwei bis drei Tage währendes Mandat begleiten. Zum Schnuppern in der Sache und um einander etwas kennenzulernen. Interessant sind nun die Eigenschaften, die die Partner unabhängig voneinander der Kandidatin zuschrieben:

Partner Cool: „Die junge Dame liegt mir. Denkt, bevor sie spricht. Wirkt überlegt, distanziert, fast schon mit einem Hauch Arroganz, rational, männlich-analytisch und scharfsinnig. Kann mit Leuten prima umgehen – kommt gut an."

Partner Emotion: „Die Frau ist aufgeweckt! Kann in eine Gruppe Schwung bringen, ist empathisch, kann auf Leute eingehen. Blitzgescheit und schlagfertig; mir gegenüber manchmal etwas zu entschieden, ein bisschen überheblich bis frech, ab und zu zu sachlich und zu nüchtern.“

Als die beiden ihre Notizen zusammen führten, staunten sie nicht schlecht. Einige vage Gemeinsamkeiten in der Einschätzung gab es, aber eben auch Unterschiede. Beide wollten sie einstellen, weil sie in der Kandidatin ein „würdiges Potenzial“ sahen. Aber bei wem, bei Partner Cool oder Partner Emotion?

Die Frage wollten sie nicht allein entscheiden und luden sie zu einem finalen Gespräch ein. Ziel dieses Gesprächs war es, dass die Kandidatin entscheiden sollte, ob und wenn ja, in welchem Partnerbereich sie arbeiten wollte. Die Bereiche unterschieden sich in zwei Aspekten: in der Persönlichkeit der Partner und darin, dass Partner Cool weniger mit Gruppen arbeitete als Partner Emotion.

Die Partner boten ihr an, sich in den Mittelpunkt des Gesprächs zu stellen. Sie sollte das Verfahren wählen: entlang der Eigenschaften, die die Partner notiert hatten, oder entlang von Fragestellungen. Beide Verfahren, erläuterten die Berater, sollten dabei helfen, eine kritische Selbstreflexion zu initiieren, die ihrerseits als Grundlage für die Entscheidung der Kandidatin dienen sollte. – Raten Sie bitte, für welchen Partner sich die Dame entschied.

Um es kurz zu machen: Sie wählte Partner Cool. Begründung: Mit seiner Art fühlte sie sich kompatibler und freier. Und ihr behagte es, dass er mehr in Form der Beratung als in der des Trainings arbeitete. Die Hospitation bei beiden Partnern hätte ihr bewusst gemacht, dass sie sich nicht gleichermaßen fühlen würde. Vor allem sei ihr „irgendwie klarer“ geworden, wirklich eher ein distanzierterer und denkender Typ zu sein als ein emotionaler, geselliger und eher agierender Mensch. Das Empathische liege ihr zwar, und auch sei sie „durchaus ’mal gern mit Gruppen“ zusammen, aber andauernd oder sehr häufig mit anderen Leuten zusammen zu sein, das wäre ihr „echt zu anstrengend". – Was nur der Personalberater von ihr erfuhr, war ein Zusatz, der mit den Persönlichkeiten zusammenhing: Partner Emotion hätte ihr sehr viel Selbstdisziplin und eine quasi-therapeutische Haltung abgefordert: Selbstdisziplin, weil er „nicht so schnell und scharf im Denken ist"; quasi-therapeutische Haltung, weil er – das habe sie selbst beim Warten ein Mal gehört – „ungeheuer schnell und laut ausflippen kann" – damit wolle und könne sie auf Dauer nicht umgehen.

Fazit

Schauen Sie auf das, was eine Person in welchen Zusammenhängen wie tut. Beteiligen Sie die betreffende Person im Gespräch oder über Erleben an der kritischen Selbstreflexion. Verlassen Sie sich keinesfalls auf verbale Abstrakta namens Eigenschaften. Deren Informationswert tendiert gegen Null!

Damit landen wir bei der dritten Anmerkung: Jede Zuschreibung einer Eigenschaft ist subjektiv gefiltert. Jeder hat seine einmalige und nicht austauschbare Brille mit nur für ihn passenden Gläsern auf der Nase. Was für den einen ein „Hauch Arroganz" ist, ist für den anderen „mir gegenüber ein bisschen überheblich bis frech". Jeder von uns ist in sich eingeschlossen. Kein Mensch kann sein Gehirn aus dem Kopf nehmen und 'mal kurz mit dem Nachbarn tauschen, um zu sehen, wie es ist, der Nachbar zu sein. Menschen bleiben wesentlich in ihrer Subjektivität gefangen. Thomas Nagel, ein amerikanischer Philosoph, hat dazu eine verallgemeinerbare Frage formuliert: Wie ist es, eine Fledermaus zu sein? – Nun, das können wir nicht wissen. Alles, was wir wissen können, ist, wie es für uns ist (wie wir uns vorstellen, dass es ist), eine Fledermaus zu sein. Jede Zuweisung einer Eigenschaft transportiert Bedeutungen. In jeder Eigenschaftszuschreibung können wir uns irren. Denn: Bedeutungen von Eigenschaften müssen sich nicht decken.

Nehmen wir als Beispiel das Kriterium „Kreativität":

Vom Kandidaten wurde in dem Suchprofil verlangt, „kreativ" zu sein. Im gemeinsamen Gespräch von Kandidat, Personaler, Berater und Chef der Forschungsabteilung entfaltete der Begriff drei Versionen: Der Chef der Abteilung meinte damit, dass ein Kandidat in der Lage ist, grundlegend Neuartiges zu zaubern – er hatte Grundlagenforschung im Sinn, wenn er von Kreativität sprach. Der Personaler war der Auffassung, der kreative Kandidat müsse über die Intelligenz verfügen, aus Gegebenem Neuartiges zu konstruieren. Der Kandidat sagte von sich, er sei kreativ, und meinte damit, „ab und zu eine gute Idee" haben, „pfiffig sein und unkonventionell".

Der Kreativitätsbegriff des Chefs erfordert einen Experten, der fachlich grandios ist, zweckfreie Forschung wertschätzt und sich als Grundlagenforscher in der wissenschaftlichen Welt der Theorien, Experimente, Erfolge und Misserfolge und Projekte auskennt. Der Kandidat, der sich als Grundlagenforscher versteht, verbindet damit ein hochwissenschaftliches und universitätsübliches Klima mit viel Freiraum, Inter- und Transdiszplinarität und mit wenig hierarchischen Strukturen und wenig Formalitäten: im dress code, in der Kommunikation, in der Zusammenarbeit. Die Bedeutung von Kreativität im Sinn der neuen Erfindung mündet zwangsläufig in hohe Investitionen mit hohem Risiko (präziser: Unsicherheit) – und der Kandidat stellt sich auch darauf ein.

Der zweite Kreativitätsbegriff im Sinn der originellen Verknüpfung von Bekanntem stellt an den Kandidaten andere Forderungen. Die hier infrage stehende Intelligenz besteht vor allem darin, mental bereit zu sein, neue Wege mit den Mitteln des Bekannten öffnen zu können. Die Kreativität hier knüpft an Bekanntes an und modelliert es neu. Diese Form kreativen Schaffens ermöglicht Projekte, die „ökonomisch" sind oder „sich rechnen lassen": Man kann sie grob kalkulieren und auch ihr Risiko abschätzen. Auch diese Bedeutung von Kreativität erzeugt ein an sie angepasstes Verhalten. Während oben das „freie Spinnen" gefragt ist, erfordert der zweite Begriff eine stärker Realitäten einbeziehende, kalkulierende Haltung.

Der Kandidatenbegriff von Kreativität hat dagegen etwas Verspieltes und sozusagen Kleineres. Pfiffigkeit und Originalität im Sinn von Unkonventionalität meint schlicht: ungewohnt, wenig verbreitet, jenseits von Denk- oder Handlungsroutinen. Es ist ein weicher Kreativitätsbegriff, der keine besonderen Anforderungen stellt an intellektuelle Leistungen. Kreativität scheint hier mehr von der subjektiven Stimmung abzuhängen als von Hirnwindungen. Auch dieses Verständnis hat ein bestimmtes Spektrum an Erwartungen und Verhalten im Gepäck.

Dass im Verlauf des Gesprächs die Varianten des Verständnisses enttarnt wurden, war vorteilhaft. Denn so konnte geklärt werden, was der Chef der Forschungsabteilung wirklich suchte. Der Kandidat hatte frühzeitig die Möglichkeit, sich zu vergegenwärtigen, ob er diese faktischen Erwartungen und Anforderungen erfüllen zu können glaubte. In der Phase, in der die Selbstreflexion bezogen auf Erwartungen, Anforderungen und Umfeld diskutiert wurde, kam ebenfalls zur Sprache, was der Kandidat brauchen würde, um sich den Anforderungen stellen zu wollen.

Es ist also funktional, Eigenschaftsbegriffe unter der Lupe zu betrachten. Zu breit ist der Deutungsspielraum, als dass er nicht ausgeschritten werden sollte. Hilfreich sind Fragen wie diese: Welche Beobachtungen führen zu der Zuschreibung einer bestimmten Eigenschaft? Welches Verhalten muss jemand zeigen, um die Eigenschaft XY angeheftet zu bekommen? In welchen Kontexten wird sie fruchtbar? In welchem Kontext virulent? Solange Personalentscheider mit Eigenschaftsbegriffen operieren, ohne sie auszubuchstabieren, tasten sie im Dunkeln. Sie erkennen zu wenig, um ein Urteil über das Gesamte abgeben zu können. Und dieses Gesamte ist die Antwort auf die Frage, ob und wenn ja, wofür und warum genau ein Kandidat erfolgreich auf eine Position platziert werden soll.

Hübsch versinnbildlicht wird diese Situation des im Dunkeln tastenden Erkennens immer wieder mit den Figuren, die mit verbundenen Augen an den Extremitäten eines Lebewesens tasten: Jede Figur posaunt hinaus, was sie tastet – jede tastet nur einen Teil, nicht das Ganze; nur gegründet auf den kleinen Teil, den sie selbst ertastet, also fixiert auf das eigene Erleben. Deshalb kommt jede Figur zu einem anderen Schluss.

Diese Erkenntnisse können Personaler und Führungskräfte bereits im Kandidatenprofil berücksichtigen, indem sie weniger mit Eigenschaften als mit Beschreibungen von Verhaltensweisen operieren. Das gewünschte Verhalten sollte so beschrieben sein, dass es beobachtbar ist. Personalverantwortliche üben sich in der Logik dieses Verfahrens, wenn sie Mitarbeitergespräche führen. Denn dann kommen sie um die Operationalisierung von Beurteilungskategorien, das heißt, um die Übersetzung von Items auf Verhaltensweisen, nicht herum. Das gleiche gilt für Kandidaten. Ihre Selbstzuschreibungen formulieren sie gewöhnlich ebenfalls in der Sprache von Eigenschaften: „Ich bin soundso". In dem Gesprächsteil, in dem Personalentscheider die Sequenz der kritischen Selbstreflexion einbauen, sollten sie genau hinterfragen, welche Erfahrungen und Verhaltenstypiken sich in den Eigenschaften verbergen und wo, in welchen Zusammenhängen sie auftauchen. Beispiel: Sagt der Kandidat über sich: „Ich bin ungeduldig", kann die Frage lauten: „Was tun Sie, wenn Sie ungeduldig sind?" oder: „In welchen Zusammenhängen äußert sich Ihre Ungeduld und wie genau wird Ihre Ungeduld sichtbar?"

In der Sequenz der Selbstbetrachtung sollten nicht nur berufliche Erlebnisse zur Sprache kommen. Die selbstkritische Befragung wendet sich an die gesamte Persönlichkeit des Kandidaten. Geschuldet ist dieser Ausgriff auf die Gesamtperson nicht der Neugier, sondern einem allgemeinmenschlichen Tatbestand: Ein Mensch tauscht seine Persönlichkeit nicht aus. Auch wenn wir in unterschiedlichen Situationen entsprechende Rollen einnehmen, haben sie einen gemeinsamen Bezug auf die Identität und das Selbstbild. Eine Kandidatin oder ein Kandidat legt nicht komplett (!) verschiedene Verhaltensweisen an den Tag, egal, ob sie oder er beruflich im Team arbeitet oder die Freizeit als Gruppenmitglied verbringt. Menschen wechseln ihre Persönlichkeit nicht vollständig aus, sondern behalten Grundzüge bei. Deshalb sprechen wir vom Profil einer Person, an dem sie erkennbar ist. Auf diese Annahme setzen Personaler übrigens sichtbar, wenn sie Interesse daran zeigen, mit welchen Aktivitäten Kandidaten ihre arbeitsfreie Zeit verbringen (Hobby, Freizeitgestaltung). Und diese Grundannahme der Kontinuität der Kern- oder Hauptpersönlichkeit ist auch im Spiel, wenn Personalentscheider von Aktivitäten des Kandidaten auf charakterliche Eigenheiten, Fähig- und Fertigkeiten, Neigungen und Abneigungen schließen.

Berater, Führungskraft und Recruiterin saßen zusammen, um das Wunschprofil für die Ausschreibung einer Position zu formulieren, die die zentrale Projektleitung im Unternehmen übernehmen sollte. Unter zahlreichen Angaben regte die Recruiterin an: „Wir brauchen da ja auch eine Persönlichkeit, die extrem gut moderieren kann. Denken Sie nur an unsere Diven in den Projekten! Vielleicht sollte die Person ehrenamtlich in einem Verein, Verband oder so tätig sein? Möglichst in leitender Funktion. Das würde zumindest glaubwürdig vermitteln, dass sie diplomatisch kommunizieren und vermitteln könnte. Was meinen Sie?" Die drei verständigten sich darauf, dass eine solche Aktivität vorteilhaft sei, idealer Weise in einer Position, in der oft strittige Situationen auftauchen.

Um diese Grundannahme, dass Freizeitgestaltung Bezüge zu Einstellungen und Verhalten im Beruf zulässt, wissen auch Kandidaten. Das treibt bunte Blüten.

Im Gespräch mit dem Berater fragte der junge Kandidat, ein Hochschulabsolvent mit exzellenten Zeugnissen: „Mein Freund bewirbt sich auch gerade. Der hat in seinen Lebenslauf ein soziales Engagement reingeschrieben (Altenbetreuung). Er meint, ich solle in meinem Lebenslauf auch eine soziale Tätigkeit nennen. Ich dachte, ich könnte ja sagen, ich würde was in einem Kinderheim machen oder so. Was meinen Sie denn?" Schmunzelnd der Berater: „Wie stehen Sie persönlich denn dazu? Und was würden Sie sich denn davon versprechen?" – „Naja, Unternehmen schreiben doch immer in die Ausschreibung, jemand muss sozialkompetent sein. Da macht sich doch so eine Tätigkeit ganz gut und erhöht die Chancen, eine Stelle zu kriegen, oder?"

Der Berater hakte immer wieder nach und nötigte den Kandidaten zu einer kritischen Reflexion. Einige Aspekte seien hervorgehoben. Er fragte den jungen Mann, was für ihn ein soziales Engagement sein könne und was es attraktiv mache. „Ehrlich gesagt: Ich mache mir überhaupt nichts daraus." – Angenommen, der Kandidat schreibe eine soziale Tätigkeit hinein – was das denn wäre. „Ich dachte mir, das Arbeiten mit Kindern wäre ganz gut. Vorlesen und Spielen oder so. Wird ja heute ganz gern gesehen." – Warum er so etwas denn nicht wirklich tue. „Ich interessiere mich einfach nicht für Kinder. Auch nicht für Vorlesen oder sonst was. Am liebsten beschäftige ich mich mit meinem Kerngebiet im Studium und zukünftigen Beruf." (Kerngebiet war Internationales Finanzmanagement in Großbanken.) – Wie er glaube, ein solches soziales Engagement glaubwürdig vertreten zu können. Denn er solle damit rechnen, dass – genau wie es gerade geschehe – auch Personaler und Führungskräfte im Gespräch nachfragen und Genaueres wissen wollten. „Das ist der springende Punkt. Das weiß ich nämlich auch nicht. Klar, ich habe mich schon erkundigt, was man da so macht. Trotzdem – ganz wohl ist mir dabei eben nicht." – Der Berater provozierte, indem er einen sehr neugierigen Personalverantwortlichen spielte und tief bohrende Fragen zu dem sozialen Engagement stellte. Schließlich kam der Kandidat zu dem Schluss: „Also gut, ich glaube, ich lass` das lieber. Lügen tu ich sowieso nicht gern …"

Gerade wenn Personalverantwortliche von privaten Aktivitäten auf persönliche Eigenheiten schließen wollen, sollten sie konkrete Nachfragen stellen, um die Glaubwürdigkeit zu überprüfen. Das dient auch dem Kandidaten. Denn die Schlussfolgerungen fallen auf ihn zurück, und zwar in der Form von Erwartungen und Anforderungen daran, wie er seine Funktion ausüben würde. Einem sozial engagierten Kandidaten, der beispielsweise ehrenamtlicher Trainer in der Fußballjugend ist, wird neben seiner Affinität zu sportlicher Bewegung und Körperbewusstsein (vielleicht sogar einem ganzheitlichen Ernährungsbewusstsein) die Bereitschaft unterstellt, Verantwortung für die Entwicklung von Menschen übernehmen. Er weckt indes eine weitere oder darüber hinausgehende Erwartung, nämlich die Erwartung, in besonderer Weise und allgemein sozial kompetent zu sein. Diese Unterstellung drückt sich beispielsweise darin aus, dass vom Kandidaten angenommen wird, er sei geschickt darin, Meinungen einzuholen und selbst divergierende und strittige Stellungnahmen zusammenzuführen. Oder darin, Hitzköpfe beruhigen und auf den Pfad rationaler Argumentation beziehungsweise verträglichen Verhaltens lenken zu können. Oder darin, empathisch auf Sorgen und Nöte von Mitarbeitern oder Kollegen eingehen zu können. Gleichzeitig werden ihm Führungsstärke und Integrationsvermögen, Durchsetzungsstärke und Konfliktkompetenz zugesprochen. Es könnte sein, dass er all das zeigt – allerdings vornehmlich in der Freizeit, während er im Beruf das moderierende Moment weniger ausgeprägt entfaltet, vielleicht, weil er sich dort besonders beweisen möchte und daher sein Ehrgeiz den sozialen Tugenden im Weg steht. Die kritische Selbstbeleuchtung sollte den Lichtstrahl folglich immer auf unterschiedliche Kontexte lenken, in denen das gefragte Verhalten und die in Frage stehende Eigenschaft sich zeigen (sollen).

Nebenbei sei erwähnt, dass Umfragen bei Personalern, wie relevant soziales Engagement sei und inwiefern es als Indiz für soziale Kompetenz gelten würde, ernüchternde Ergebnisse zu Tage fördern: In der *Süddeutschen Zeitung* vom 14.10.10, S. 28, schreibt Juliane Lutz unter dem Titel: *Seid nett zueinander: „Moderne Manager sollen vor allem sozial kompetent sein. Doch nicht alle können damit etwas anfangen."* Selbstverständlich gibt es Unternehmen, die durchaus etwas damit anfangen können. In Unternehmen in spezifischen Branchen wie Medizin, Schulen, Dienstleistungsunternehmen genießt soziales Engagement einen guten Ruf und wird zuweilen explizit gewünscht. Generell kann man davon ausgehen, dass soziale Kompetenz stets als Pluspunkt verbucht wird. Doch nur selten gibt sie den Ausschlag für die Zusage im Rahmen einer Bewerbung oder Platzierung. So etwa bei Siemens. Ganz anders bei dem Drogeriemarkt dm, dessen Gründer seine

Führungsleitlinien der anthroposophischen Welt- und Lebensanschauung entnimmt. In dem erwähnten Artikel wird die Frankfurter Softwarefirma Convotis hervorgehoben. Dort werde soziale Kompetenz als Muss behandelt. Insgesamt kommt es bei der kritischen Selbstbefragung darauf an, Kandidaten die Augen zu öffnen, und zwar dafür, dass imstande sein sollten, für das, was sie glauben oder behaupten, leisten zu können, geradezustehen und es zu realisieren.personalverantwortlichen dient diese Sequenz in dem Bewerbungsgespräch zudem dazu, Einblicke in die Persönlichkeit, in Grundmotivationen und Präferenzen, in Selbstkonzept bis hin zum Stellenwert der beruflichen Tätigkeit im Leben oder Lebensentwurf des Kandidaten zu erhalten. Noch einmal: Nicht aus purer Neugier, sondern um einschätzen zu können, inwiefern der Kandidat in der Lage sein kann, die Anforderungen, die mit der Position verflochten sind, nachhaltig zu erfüllen. Es nützt keinem Beteiligten, wenn nach dem Motto „Ach, probieren wir es einfach ˙mal. Mut zur Lücke ist das Gebot der Stunde!" gehandelt wird. Das Risiko dieser gut gemeinten Unbedarftheit tragen Unternehmen, Betroffene und vor allem der Kandidat. Das Unternehmen „fehlinvestiert", der Kandidat leidet und erschöpft sich selbst. Die folgenden aus einem Gespräch herausgenommenen Gesprächsausschnitte führen näher vor Augen, was Früherkennung via Selbstbetrachtung bringen kann:

Der Nischenanbieter aus dem Bereich Digitaltechnik suchte für sein Unternehmen mit 78 Mitarbeitern einen fachlich versierten Kandidaten, der die Leitung einer Sparte übernehmen sollte. Die Geschäftsführerin hatte mit dem Personalberater einige Kandidaten zum Gespräch geladen. Die Sympathie der Geschäftsführerin fiel auf eine Kandidatin. Diese schien in fachlicher Hinsicht den anderen eindeutig überlegen, und außerdem wollte die Geschäftsführerin eine Frau in ihr Männerteam holen. Die Kandidatin wurde ein zweites Mal eingeladen.

In diesem Gespräch verstärkten sich Eindrücke, die bei der Geschäftsführerin bei aller Sympathie gemischte Gefühle ausgelöst hatten. Deutlich trat hervor, dass Selbst- und Fremdbild auseinanderklafften. Die Kandidatin schilderte sich selbst beispielsweise als „teamfähig" und „im Team leistungsstark" und sie war überzeugt, ihre Zielorientierung in der Rolle des „Zugpferds" ins Team geben und zugleich „durch Kommunikation überzeugen" zu können. Geschäftsführerin und Berater hatten einen anderen Eindruck gewonnen. Sie ordneten die Kandidatin ein als „zielorientierte Einzelkämpferin". Dieser Eindruck nährte sich aus einigen Ausführungen der Kandidatin zu ihrem Lebenslauf: Sie hatte sich in ihrem Leben als Mädchen und Frau mit ihren Vorlieben für Technisches in einer Jungen- und Männerwelt durchgeboxt und bewährt. Deshalb war sie erstens zeitweise vor allem auf sich allein gestellt und hatte zweitens eine gewisse Entschiedenheit mit einem Hauch von Burschikosität entwickelt.

Im Gespräch brachten Geschäftsführerin und Berater die Diskrepanz offen zur Sprache. Zu dritt näherten sich die Gesprächspartner der Selbstbeschreibung (siehe oben) im Unterschied zu dem Fremdbild (den Eindrücken rund ums Einzelkämpfertum). Die Diskussion zu diesen Punkten, vor allem die Antworten der Kandidatin, ordneten sie ein in den Alltag und die Anforderungen, mit denen die Kandidatin als Leiterin der Sparte konfrontiert wäre.

Die von Berater und Geschäftsführerin sensibel gelenkte kritische Selbstbetrachtung löste in der Kandidatin – zusammengefasst – folgende Erkenntnisse aus: Sie gebe zu, von ihrer eigenen Teamfähigkeit vor allem das Leading-Moment im Sinn gehabt zu haben und weniger das kommunikativ-moderierende oder gar gesellige Moment. Daran zu arbeiten, traue sie sich aber zu, weil sie „wirklich lernen" wolle, mit anderen „geschmeidiger" zu kommunizieren. Das habe sie sich als Ziel auch deshalb vorgenommen, weil sie im Verlauf ihrer gut dreijährigen Berufserfahrung bereits öfter gemerkt habe, dass sie „Defizite" auf diesem Feld habe. Deshalb wäre sie froh, wenn die Geschäftsführerin sie darin unterstützen könnte – durch Schulungen oder Coaching. Ferner gab sie zu, am liebsten allein zu arbeiten, „weil ich da keine Zeit damit verliere, mich mit anderen abstimmen zu müssen. Die Diskussionen sind oft so unergiebig, und das ärgert und langweilt mich dann. Schon im Studium habe ich in solchen Situationen die Zügel in die Hand *genommen." Ihr sei aber klar, dass sie als Spartenleiterin geduldiger und offener für die Ideen anderer werden müsse. Deshalb stelle sie sich vor, mit den Mitarbeitern gleich nach ihrem Einstieg darüber zu reden, wie sie sich die Zusammenarbeit mit ihr vorstellen würden. Dabei wolle sie auch ihre Eigenheit des Eigenbrötlerischen offen zugeben und darum bitten, ihr sofort Feedback zu geben, wenn es den Mitarbeitern zu viel würde. Kurz und gut: Die drei Gesprächspartner kreisten die heiklen Aspekte ein, die im Alltag aufkommen könnten. Die Kandidatin vermittelte glaubwürdig, a) an spezifischen Aspekten ansetzen zu wollen und b) wie sie das tun würde, einschließlich der Komponente der Unterstützung.*

Die kritische Selbstbefragung, professionell gesteuert, macht also alle Beteiligten klüger und trägt dazu bei, dass Kandidat wie Personalentscheider fundierte(re) Beurteilungen formulieren. Selbstverständlich bieten die genannten Kategorien nur einen Ausschnitt aus der Vielfalt der zu befragenden „Eigenschaften" und Einstellungen. Hoch im Kurs stehen heute Fragen zu Werten und Normen, zu Sinnhaftigkeit, zu Autorität und Loyalität.

Auch diese Items binden wir ein in die Thematik der individuellen Laufbahnperspektive (2.6). Denn auch dieser Gesichtspunkt sollte bereits in der Kandidatenauswahl angesprochen werden. Warum? Weil Kandidaten in der Regel keine Jobhopper von sich aus sich sind, sondern dazu gemacht werden. Wir haben von Kandidaten, die wir entweder im Rahmen eines Coachings die erste Zeit ihrer Firmenzugehörigkeit begleiteten oder die auf der Suche nach einem neuen Unternehmen wieder auf uns zukamen, oft gehört: „Da wurde mir etwas versprochen, das nicht eingehalten wurde. Mit so einem Laden will ich eigentlich nichts zu tun haben." Aus der Sicht des Unternehmens klang das natürlich anders: „Eine Fehlbesetzung! Der passt nicht zu den Anforderungen, ist ständig unzufrieden und quengelt herum. Einen Querulanten wollten wir eigentlich nicht haben!" Enttäuschung auf beiden Seiten. Dem kann zumindest vorgebeugt werden. Wir ergänzen unsere bisherigen Ausführungen also ein weiteres Mal: dieses Mal um den Gesichtspunkt von Karriereoptionen.

2.6 Personalentscheider ermöglichen individuelle Laufbahnen im Einklang mit den Unternehmenszielen

„... die Generation Y wird die Arbeitswelt in Zukunft nachhaltig verändern – mehr als jede andere Generation zuvor", und nur jene Unternehmen „werden den sogenannten ‚war for talents' für sich entscheiden, welche die Bedürfnisse der Generation Y verstehen und am schnellsten darauf reagieren können." So Charles Donkor, Principal bei Hewitt Associates, eine der führenden globalen Beratungs- und Dienstleistungsunternehmen in den Bereichen HR und Personalvorsorge und verantwortlich für die Länder Schweiz, Deutschland und Österreich (Charles Donkor, *Generation Y – die neue Herausforderung für Führungskräfte*, in: Connie Voigt (Hrsg.), *Interkulturell führen*, Offenbach 2010, S. 121–129).

Sollten Sie, werte Leserinnen und Leser, zustimmend nicken, befinden Sie sich zwar in guter Gesellschaft mit der Mehrheit der publizierenden Unternehmer, Berater und „Eingeborenen". Sie alle glauben fest an die umwälzende Macht dieser „Generation Y". Dadurch, dass etwas weithin geglaubt wird, wird es aber nicht in einem sachlich-objektiven Sinn wahr. Dennoch hat ein Mythos Auswirkungen auf die Realität.

Ein Einschub

Die Wirkung von Wiederholung auf die Beurteilung von Dingen oder Personen ist viel untersucht worden. Die Erkenntnisse werden sattsam in der Praxis eingesetzt. Die Formel, auf den Kern geschmolzen, lautet: Wiederholung bringt Vertrautheit und diese wird von unserem Gehirn mit der Ausschüttung von Glücksbotenstoffen belohnt. Anders gesagt: Wiederholtes setzt sich im Gedächtnis fest – der Wiedererkennungswert wächst – Vertrautheit entsteht, und prompt springt zur Belohnung das Glückssystem im Gehirn an. Exemplarisch in kurz hintereinander geschalteten Werbespots oder in Werbekampagnen, die sich über Monate hinziehen. Oder in der Musik: Hören Menschen Lieder, die sie anfänglich nicht einmal als angenehm empfinden, ändert sich das Urteil mit der Anzahl wiederholtem Hörens. Aus der Sozialpsychologie wissen wir auch dies: Menschen, die einander oft sehen, tendieren dazu, einander zu mögen (mögen zu lernen). Oder mediale Verbreitung: Eine Meinung, die oft geäußert und wahrgenommen wird, erhält via Wiederholung Wahrheitsstatus. Dieses Phänomen ist auch als Pygmalion-Effekt bekannt geworden. Andere beziehen sich auf den Kreislauf der sich selbst erfüllenden Prophezeiung. Diese Dynamik ist zweifellos mit im Spiel, wenn es um die „Generation Y" und ihre Wirkungen in und für Unternehmen geht.

Die Einschätzung, die Charles Donkor formuliert, geht zurück auf Marc Prensky und seine 2001 publizierte Stellungnahme „Digital Natives, Digital Immigrants (From *On the Horizon*, *MCB University Press*, Vol. 9 No. 5, October 2001) Die Mantra-artige Wiederholung seiner populären Thesen hat selbst hochkompetente Einwände weitgehend in den Hintergrund gedrängt beziehungsweise von dort gar nicht erst nach vorne gelassen. Unter den Kritikern heben wir die stets weiterentwickelte und empirisch außerordentlich gründliche Arbeit von Rolf Schulmeister, der in Hamburg lehrt und forsch, hervor: *Gibt es eine »Net Generation«? Erw. Version 3.0,* Universität Hamburg Zentrum für Hochschul- und Weiterbildung, URL: www. zhw.uni hamburg.de/zhw/?page_id=148, Hamburg, Dezember 2009). In der Szene entbrannten zwar fast Glaubenskriege über verschiedene Fragen. Etwa darüber, inwiefern es überhaupt haltbar und sinnvoll sei, von einer „Generation Y", oder „digital natives" versus „digital immigrants" und ähnlichen Etiketten zu sprechen. Oder darüber, inwiefern die von und in der Tradition von Prensky behaupteten Eigenschaften von Angehörigen dieser Generation empirisch nachweisbar seien. Oder darüber, inwiefern der Generationsbegriff geeignet sei, um das infrage stehende Phänomen einzukreisen. Auch Belege aus sozial- und entwicklungspsychologischen Sektoren konnten den Wasserdampf, den Prensky-Anhänger mit ihren Nebelmaschinen produzieren, bisher nicht breitenwirksam lichten.

Obwohl es also aus verschiedenen Richtungen gut begründete Zweifel gibt und sich im Jahr 2010 zunehmend renommierte Szenefiguren wie Nicholas Carr (*Wer bin ich, wenn ich online bin ...,* 2010) kritisch zu Wort melden – in der Umgebung von Unternehmen und in den Köpfen von Personalverantwortlichen scheint sich festgesetzt zu haben: „Die Jungen sind ganz anders".

Dieses Buch ist kein passender Ort für eine essayistische Auseinandersetzung mit dieser vor allem ideologisch genährten Debatte. Wir bleiben also pragmatisch und schließen an das an, was der Fall ist. Und das ist der Glaube, dass „die Jungen", sprich die Angehörigen der „Generation Y" oder die „digital natives" unternehmenskulturelle Revolutionen auslösen und „völlig neue" Anforderungen an Führung, Karriere und folglich an die Personalentwicklung stellen. Aus Respekt vor der oben erwähnten Realität schaffenden Kraft von Urteilen und eingedenk des Faktums, dass „die Jungen" nun einmal zu den Führungspersonen von Gegenwart und Zukunft gehören, listen wir die gängigen Besonderheiten dieser Generation auf. Denn mit ihnen müssen sich Personalentscheider ja befassen und individuelle Laufbahnperspektiven anbieten. Worauf sollten sie sich also einstellen?

In vorhersehbarer Regelmäßigkeit werden folgende „neuen" Erwartungen der jungen Anwärter genannt: neueste Technologien, ausgewogene Work-Life-Balance, gelebte corporate social responsibility, Teamorientierung, unmittelbares Feedback und Belohnung, hierarchieübergreifendes, vorzugsweise in Projekten organisiertes Arbeiten und eine „maßgeschneiderte Karriere" (Donkor, a.a.O., S. 126). Diese Zuschreibung hat unmittelbare Konsequenzen für HR und Führungskräfte. Die jungen Aspiranten erheben den Anspruch, erfahrene Manager, vor allem ihre Chefs, sollen als Coaches auftreten, die sie – die Nachwuchskräfte – zu fördern hätten. Das Verhältnis zur Führungskraft wird offenkundig konsumistisch, mindestens instrumentalistisch gesehen: Chef oder Chefin sind dazu da, mich zu fördern; dazu, mich zu verstehen und zu unterstützen, um effizient arbeiten kann. Außerdem dazu, mir unmittelbar (ohne Zeitverzug) Rückmeldung zu geben; dazu, mir innerhalb des Unternehmens ein Netzwerk zur Verfügung zu stellen, das ich nutzen kann, um mit allen in Verbindung stehen zu können. Und schließlich dazu, mir eine individuelle Karriere zu schneidern (vgl. stellvertretend wieder Donkor, a.a.O., S 129f).

Alte Hasen unter Führungskräften und Personalern mögen mit gelassener Miene die Schultern zucken. Denn sie erkennen in den Erwartungen nichts, was nicht schon Berufseinsteiger aus vorangegangenen Generationen verlangt oder sich gewünscht hätten. Allerdings scheint es, als habe sich die Tonlage verändert: Sie ist imperativischer, fordernder geworden, quasi belegt mit dem Gestus des: Das ist mein Recht. Wie dem auch sei: Junge Kandidaten und Kandidatinnen bringen (naturgemäß) andere Bedürfnisse mit als erfahrene oder ältere Leistungsträger.

Allerdings: Ein Zugeständnis müssen wir machen. Es geht um „veränderte Gehirne". Hirnforscher belegen, dass sich das Gehirn entsprechend seiner Nutzung bildet. Das gilt natürlich immer und ausnahmslos für jeden Erdenbürger. Wie wir uns mit der Wirklichkeit auseinandersetzen, bildet sich in neuronalen Verknüpfungen ab. Da unbestreitbar ist, dass sich „digital natives" neuester Technologien bedienen und sie alltäglich selbstverständlich nutzen, formt diese Interaktion ihre Gehirne in etwas anderer Weise als es bei „digital immigrants" oder den „Analogen" (den Altbackenen) der Fall ist. Die Art und Weise des Denkens und Fühlens, des Handelns und generell mentale und psychologische Dispositionen erhalten eine bestimmte Tendenz (zum Beispiel Gary Small, Gigi Vorgan; Maren Klosterman, *iBrain. Wie die neue Medienwelt das Gehirn und die Seele unserer Kinder verändert*. Stuttgart, 2009).

Für unseren Zusammenhang ist relevant, dass sich dieses Aufwachsen mit digitaler Technologie bei jungen Kandidaten nicht nur in Erwartungen an das Unternehmen niederschlägt, sondern auch in Fähigkeiten, die sie mitbringen und nicht mitbringen. Dass es das berühmte Multitasking nicht gibt, hat sich inzwischen herumgesprochen. Das Gehirn kann das schlicht nicht. Es arbeitet immer linear oder sequenziell. Allerdings schaffen es die Jungen, schneller zwischen Aufgaben hin und her zu wechseln – allerdings gegen zwei hohe Preise, die für Unternehmen außerordentlich folgeträchtig sind. Preis Nummer eins: Digital natives sind weniger als andere Generationen in der Lage, sich auf eine Sache zu konzentrieren; sie denken weniger gründlich nach (nehmen sich zu wenig Zeit dafür), sind weniger fähig, sich über einen längeren Zeitraum mit einer Angelegenheit zu befassen und konzentriert einer Aufgabe (es sei denn, ein Computerspiel) nachzugehen. Diese Entwicklung hängt unmittelbar mit dem Preis Nummer zwei zusammen: Da das Zappen zwischen unterschiedlichen Quellen und Medien normal ist, also in der Regel und quantitativ häufig gemacht wird, passt sich die Hirnaktivität auch daran an: Das Gehirn verstärkt seine Tendenz, vorzugsweise auf Neues zu antworten, und wenn das Neue zusätzlich emotional aufwühlt, dann hat Gewohntes, Gekanntes, Vertrautes gegenüber dem Neuigkeitswert des Ungewohnten kaum eine Chance und landet im „Spam". Es wird schlicht nicht registriert, geschweige denn im Gedächtnis gespeichert. Auch das Lernen wird in Mitleidenschaft gezogen: Die Flüchtigkeit bewirkt, dass Lernstoff weniger verankert wird und daher weniger in das Langzeitgedächtnis wandert. Pointiert ausgedrückt liegt das unternehmerische Risiko in dem Spruch: „Operative Hektik ersetzt geistige Windstille." Schnelle Tempi, Suche nach stimulierenden Inputs, Flüchtigkeit, geringe Aufmerksamkeitsspanne und die Gewohnheit durch den Umgang mit digitalen Medien, sofort Feedback zu erhalten (zum Beispiel Chatten, Spiele), begünstigen dies: Die Frustrationstoleranz sinkt. Die Gewohnheit, sofort Feedback zu erhalten, wenn man online ist, wird in den Beruf übertragen: Junge erheben den Anspruch, unmittelbar Feedback zu ihren Taten und Untaten zu erhalten. Das fordert die Akteure in beruflichen Kontexten pädagogisch: Vorgesetzte, Kollegen, Mitarbeiter, Kunden – alle sind verpflichtet, schnell Feedback zu geben. Dieses Charakteristikum bei den Digital Natives wird als „instant payoff" bezeichnet.

Neben diesen heiklen Entwicklungen werden positive unterstrichen. Ein positiver Aspekt, der gerade im Beruf seine Stärken erweisen könne, sei die Fähigkeit zu vernetztem Denken. Das klingt vielversprechend – allerdings lässt der Beweis noch auf sich warten. Denn vernetztes Denken und Handeln bedeutet, mit Komplexität hantieren zu können, für die unser Gehirn nicht geschaffen ist. Deshalb macht es so viel Mühe und wird so wenig praktiziert. Angesichts der geringen Frustrationstoleranz in Kombination mit einem eher überschätzten Selbstbild seien Zweifel erlaubt.

Selbstverständlich verändern die skizzierten Entwicklungen und mit ihnen verbundene Ideologien, Annahmen und Erfahrungen die Anforderungen an Personalverantwortliche, vor allem, wenn sie mit Berufseinsteigern zu tun haben (Ulrich Herrmann (Hrsg.) *Neurodidaktik*. Weinheim, Basel 2006; Bundesministerium für Bildung und Forschung, *Lehr-Lern-Forschung und Neurowissenschaften – Erwartungen, Befunde, Forschungsperspektiven*, Bonn, Berlin 2007). Die Veränderung gleicht jedoch nicht einer Revolution, sondern einer Akzentverlagerung. Wie gehabt, schränken wir den Horizont, in dem wir einige Konsequenzen formulieren, wieder ein auf unseren Fokus: Kandidatenauswahl, Vermeiden von Fehlbesetzungen, Platzierung der Geeignetsten, und zusätzlich in diesem Unterkapitel eng geführt auf einen Aspekt, nämlich den der Aufgabe von Personalverantwortlichen, individuelle Laufbahnen zu ermöglichen und dies bereits während der Kandidatenauswahl glaubwürdig zu vertreten.

Mit dem jungen Mann aus dem folgenden Beispiel waren wir über einen Zeitraum von gut einem Jahr in Verbindung. Das Beispiel zeigt, worauf sich Personalentscheider einrichten sollten.

Der Mitzwanziger war in der letzten Gesprächsrunde, die Personalerin, Berater und Chef mit den fähigsten Kandidaten führten. Zu besetzen war die Position eines Redakteurs in einem großen Redaktionsteam. In diesem Team gab es neben den Redakteuren Gruppenleiter und den Chefredakteur. Der Chefredakteur, ein Mann Anfang vierzig, war interessiert, Kandidaten für den Redakteursposten zusätzlich auf ihre Eignung zu prüfen, als Führungskraft (zunächst in der Gruppenleitung) eingesetzt werden zu können.

Etwa in der Mitte des knapp dreistündigen Gesprächs fragte der Kandidat, ob er Chancen darauf hätte, den Posten des stellvertretenden Chefredakteurs „in absehbarer Zeit, so nach ein bis maximal zwei Jahren, zu kriegen" – schließlich habe er schon gut ein Jahr Erfahrung als Volontär, und wenn er sich bewährte, dann würde er „natürlich weiter wollen". Diese Bemerkung wurde der Startschuss für eine Diskussion, die sich um mögliche Perspektiven drehte.

Die Personalerin drückte zunächst ihre Verwunderung aus: „Oh, diese Frage kommt ein bisschen früh, oder?" – „Naja, kann sein. Andererseits möchte ich möglichst früh wissen, worauf ich mich einlasse, wenn ich hier anfange. Wenigstens würde ich gern eine grundsätzliche Perspektive haben. Oder überhaupt erfahren, welche Möglichkeiten ich hier hätte. Muss ja nicht die

Chefredaktion bei diesem Magazin sein – das Unternehmen hat ja noch an-
dere.“ Dem selbstbewussten Kandidaten begegnete die Personalerin auf der
gleichen Ebene: Was ihn so sicher mache, für eine Führungslaufbahn ge-
eignet zu sein. Welche anderen Perspektiven er sich vorstellen könne. Womit
er gedenke, in Vorleistung zu treten, um dem Unternehmen überhaupt zu
ermöglichen, mit ihm und für ihn einen Fächer an Optionen basteln zu kön-
nen. Woraus er seine Motivation beziehe, bereits zu Beginn einer Anstellung
nach dem Chefposten zu schielen – was er damit verbinde. Mit solchen und
weiteren Fragen nötigte die Personalerin den Kandidaten, über sich selbst
nachzudenken und dies mit der Anstellung zu verknüpfen (vgl. Kapitel 2.5).
Sie verdeutlichte dem Kandidaten, dass sie und sein zukünftiger Chef durch-
aus bereit seien, mit ihm zusammen eine individuelle Laufbahn im Unter-
nehmen zu zeichnen. Dass dies jedoch abhängig davon sei, was genau und
mit welchen Beweggründen er konkret anstreben wolle – und welche fakti-
schen Leistungen er bringen würde.

Um dem Kandidaten in seiner Ungeduld dennoch entgegenzukommen, steck-
ten Chefredakteur und Personalerin grob ab, welche grundsätzlichen Optio-
nen einer Laufbahn bestehen und welche Maßnahmen von Förderung und
Entwicklung zum Einsatz kommen könnten. Ebenfalls hoben sie hervor, wel-
che Leistungen fachlich und im Verhalten vom Kandidaten erbracht werden
müssten, um unter den Optionen wählen zu können. Ob er damit einverstan-
den sei, wenn sie sich konkreter dazu unterhielten, sobald seine Probezeit
von sechs Monaten beendet sein würde. – Mit leise knirschenden Zähnen
stimmte der Kandidat zu.

Das Erstaunen der Personalerin ist verständlich. Denn am Anfang des beruflichen Lebens, noch dazu im Bewerbungsgespräch, den Chefposten (des
anwesenden Chefs) – wenn auch bescheidenermaßen in der Funktion des
Stellvertreters – anzustreben, zeugt – nun ja, von spätpubertärer Hybris
oder einem gut genährten Selbstwertgefühl, das (hoffentlich) auf exzellenten Leistungen ruht. In der Beratung erleben wir oft, dass Personalentscheider in einer solchen Situation pikiert reagieren und das Ansinnen

des Kandidaten, bereits in den Vorgesprächen auf seine zukünftige Laufbahn zu blicken und verbindliche Aussagen dazu hören zu wollen, als unverschämt, naiv oder als Ausdruck von Selbstüberschätzung behandeln. Entsprechend werden diese Ansinnen häufig mit Kommentaren abgebügelt wie: „Na, darüber lassen Sie uns mal am Ende der Probezeit reden", oder: „Oha, Sie wollen hoch hinaus. Erst einmal wollen wir natürlich sehen, was Sie leisten – dann können wir weitergucken."

Wir plädieren dafür, das Bedürfnis nach Perspektive ernst zu nehmen, und zwar in zweierlei Hinsicht: Zum einen insofern, als Frühförderung und Laufbahnperspektive ein formaler Punkt in der Personalpolitik sein sollten, der seinen Niederschlag in einem Katalog möglicher Entwicklungsmaßnahmen findet. Zum zweiten insofern, als sich der Wunsch nach Karriereperspektive deuten lässt als ein individuelles Bedürfnis eines ehrgeizigen jungen Menschen, der sich lohnenswert engagieren möchte. Dieses Kalkül des Min-Max-Prinzips aus der Ökonomie mögen Personalentscheider begrüßen oder nicht. Immer öfter gehen Kandidaten nach der Maxime der Kosten-Nutzen-Rechnung vor: „Lohnt es sich, mich reinzuhängen?" Das Bedürfnis nach Perspektive deckt – das wird oft übersehen oder gar bestritten – das Bedürfnis nach Orientierung, nach Leitplanken und Sicherheit ab: „Wenn ich mich reinhänge, will ich wissen, innerhalb welcher Möglichkeiten und mit welchen Aussichten." Unsere vieljährige Erfahrung legt nahe, dass Personalentscheider davon ausgehen können, dass den meisten Kandidaten die Sicherheit des Arbeitsplatzes ein gewichtiges Anliegen ist. (Die *Shell-Jugendstudie* etwa lässt diese Interpretation ebenfalls zu.)

Dennoch: Personalverantwortliche sind zwar Dienstleister, nicht aber Wunscherfüllungsgehilfen, die dem rein persönlichen Wollen eines Kandidaten zu gehorchen haben. Es geht keinesfalls darum, subjektive Selbstbilder und Träume zum Maßstab professioneller Laufbahnplanung zu erheben. Eine sinnvolle Karriereperspektive betrachtet vielmehr das Zusammenspiel von Mitarbeiterpersönlichkeit (Selbstbild, Präferenzen und Aversionen, faktisches und potenzielles Leistungsvermögen, Motivatoren) mit den persönlichen Lebenszielen, mit Unternehmens-, Abteilungs- und individuellen Zielen, mit Unternehmens-, Abteilungskultur und Wertausrichtungen des Kandidaten beziehungsweise Mitarbeiters. Diese Variablen und ihre Beziehungen untereinander liefern relevante Informationen zu der Frage, wohin sich ein Kandidat oder Mitarbeiter aus welchen Gründen in welchen Zusammenhängen entwickeln möchte und/oder kann. Traineeprogramme, Möglichkeiten, zwischen Abteilungen zu wechseln, und ähnliche Verfahrensweisen haben sich zum Schnuppern und Einarbeiten bewährt. Sie eröffnen Möglichkeiten, Unterschiedliches und nicht zuletzt sich selbst besser kennenzulernen, begonnen beim fachlichen Repertoire über Unternehmens- und Abeilungskulturen bis hin zu individuellen Neigungen und Leistungsvermögen.

Lassen Sie uns das Eingangsbeispiel nach der Platzierung noch ein wenig verfolgen. Es zeigt, wie einer Fehlbesetzung dadurch vorgebeugt werden kann, dass das Tandem Führungskraft und Personaler zwar nach der Platzierung, aber noch in der Probezeit eines Berufsneulings Feedbackschleifen einführt, die die Karriereperspektive des Kandidaten im Visier haben.

Nach Ablauf der ersten zweieinhalb Monate seiner Anstellung als Redakteur (mit sechsmonatiger Probezeit) bat der neue Mitarbeiter seinen Chefredakteur um ein Gespräch. Wie er, der Chef, denn mit ihm zufrieden sei. Ob er die Probezeit überstehe und fest angestellt würde. Ob der Chef ihm zutraue, in Richtung Stellvertretung gehen zu können. Angesichts dieser Fragenkaskade mit ihrem weiten Bogen in die Zukunft lud der Chef den Mitarbeiter zu einem Spaziergang ein.

Während dieses gut einstündigen Spaziergangs erläuterte der Chef dem Mitarbeiter dies: Nach zweieinhalb Monaten könne er, der Chef, noch keine zuverlässige Einschätzung über seine Eignung als stellvertretender Chefredakteur machen. Vermutlich werde er nach der Probezeit übernommen. Vorteilhaft wäre, wenn er, der Mitarbeiter, stärker auf Äußerungen von Unmut und Ungeduld achten würde. Das sei den Kollegen bereits negativ aufgestoßen und lasse ihn überheblich wirken. Im Übrigen sei die Selbstkontrolle von Gefühlen nicht nur ein wesentliches Merkmal von Fairness und Kollegialität, sondern auch guter Führung – und dahin wolle er ja. Chefredakteur und Mitarbeiter verabredeten, dass der Chef ihm sofort rückmelden solle, wenn er, der Mitarbeiter, wieder einmal Ungeduld zeige und überheblich tue.

Drei Wochen vor dem Ende der Probezeit setzten sich Personalerin, Chefredakteur und Mitarbeiter noch einmal zusammen. Das Wesentliche: Die Personalentscheider teilten ihm mit, ihn gern zu übernehmen. In Bezug auf seine Wunschperspektive, sich in Richtung Chefredakteur zu begeben, begründeten sie, weshalb sie das zurzeit nicht sähen. Es sei noch zu früh. Denn es gehe weniger um fachliche Qualifikationen. Die seien ja rasch gelernt, und außerdem seien alle im Team mit seinen rein fachlichen Leistungen sehr zufrieden. Vielmehr gehe es um Aspekte in der persönlichen Wirkung. Offen sprachen sie Verhaltensweisen an, die der Chef selbst erlebt oder Kollegen aus dem Team ihm berichtet hatten. So etwa die offene Ungeduld, das „schnelle Genervtsein", die zeitweilige trotzige Haltung des Ich-sehe-das-aber-so. Zudem sei sein Prioritätenmanagement dringend ausbaubedürftig; denn er verzettele sich leicht. Das habe negative Folgen für die Kolleginnen und Kollegen. Irritierend wirke seine Rede von „der dunklen Seite der Macht", wenn es um den Chefredakteur und dessen Order gehe.

Der Mitarbeiter war sichtlich enttäuscht, widersprach aber den Beobachtungen nicht, sondern versuchte, sie zu legitimieren. Als seine Gesprächspartner sich diesem Strang der Argumentation verweigerten, folgte er ihnen auf die konstruktive Spur. Zunächst bat die Personalerin den Mitarbeiter, innerhalb einer Woche zu definieren, was er als Antwort auf das Feedback von Chef und Kollegen geben wolle; zum Beispiel, ob er etwas verändern wolle, wenn ja, was, wie und mit welchen Zielen. Die Personalerin bot ihm an, sich mit ihm und dem Chefredakteur in drei Monaten noch einmal zusammenzusetzen, um über seine Perspektive konkreter zu sprechen. Bis dahin möge er sich innerhalb der nächsten vier bis sechs Wochen überlegen, welche attraktiven Alternativen er sich zu dem bisherigen Zwischenziel seiner Karriere vorstellen

könnte: Was noch, außer stellvertretender Chefredakteur, könnte ihn reizen?
Sie beide würden sich dann wieder treffen, alles gründlich besprechen und
Maßnahmen daraus ableiten.

Einige Firmen gehen dazu über, Berufseinsteigern einen externen Mentor zuzuweisen. Die Initiative zielt darauf ab, die Laufbahnperspektive individuell und frühestmöglich aufzugleisen. Zu dieser von HR mit guten Absichten und der Überzeugung auf Erfolg durchgesetzten Strategie der Förderung melden sich immer mehr in Beratung und Coaching Tätige kritisch zu Wort. Beispielsweise Frank Edelkraut (*Die Chemie muss nicht stimmen, ManagerSeminare* H 151, Oktober 2010, S. 16).

Die Kritik nimmt ihren Ausgang bei einer Überzeugung von Personalentwicklern. Die Überzeugung besteht darin, bei der Zuordnung von Mentor und Mentee vor allem anderen darauf zu achten, dass „die Chemie stimmt", dass sie einander sympathisch sind und „miteinander können". Diese Priorität der Beziehungsebene wird begründet mit einer Behauptung: „Wenn die Beziehungsebene stimmt, dann lernen die Mentees motivierter und mehr, als wenn sich Mentor und Mentee wenig sympathisch sind." Selbstverständlich geht Vieles leichter von der Hand, gibt es weniger Störfeuer und ist es insgesamt atmosphärisch angenehmer, wenn Mentor und Mentee einander mögen. Das erlebt jeder Mensch in seinem Alltag. Und es kann auch lernpsychologisch argumentiert werden, dass ein Mentee dann offener ist und lieber lernt, dass ein Mentor geneigt ist, mit mehr Zuwendung, Geduld, Anerkennung, Bestärkung und Ermutigung zu agieren, wenn er seinen Mentee mag. All dies bedeutet aber nicht, dass ein Mentee in einem solchen Verhältnis mehr lernt und bessere Ergebnisse erzielt als in einem Verhältnis, das von emotionaler Neutralität getragen wird.

Die Betonung der Beziehungsebene geht zulasten von Vereinbarungen im fachlichen Bereich: Was sollen die Mentees können, wenn der Mentoringprozess abgeschlossen ist? Und zu Lasten von Zielerreichungen: Welches Projekt soll in welchem Zeitraum erfolgreich beendet werden?

Angesichts dieser Fakten ist die Frage ob der Aufwand, berechtigt ein emotionales „Matching" herzustellen, in einem günstigen Verhältnis zum Ertrag steht.

„Ausführliche Profile, AC-artige Auswahlrunden und viele Übungen zum besseren Kennenlernen sollen sicherstellen, dass die „richtigen" Menschen in einem Tandem zusammenfinden. Funktioniert das? Ja, tut es", antwortet Frank Edelkraut (ebd.). Allerdings beruht dieses Ja auf Antworten, die die Paare gaben. Diese Bejahung ist – siehe oben – kein Argument für die Grundannahme, das Zusammenpassen sei ein Kriterium für den Erfolg. Denn das Paar, die zwei Personen, machen nur einen Ausschnitt des gesamten Mentorings aus: *„Das Hauptziel des PE-Instrumentes Mentoring bleibt stets die berufliche und persönliche Entwicklung eines Mentees, sein Lernprozess. Dieser kann nur dann erfolgreich betrachtet werden, wenn konkrete Ergebnisse realisiert und Kompetenzen ausgebildet werden. Leider erfassen die meisten Evaluierungen in Mentoringprozessen nur die Zufriedenheit der Beteiligten"* (ebd.). Selbst wenn die These von dem zentralen Stellenwert und der direkten Abhängigkeit von Beziehung und Erfolg bestünde, sollten gerade Personaler in Betracht ziehen, dass der Umstand einer distanzierten oder gar leicht kriselnden Beziehung Lernfelder öffnet. Aus etwaigen Spannungen in einer Arbeitsbeziehung kann der Mentee mindestens zweierlei lernen: mit emotionaler Belastung und mit Spannung beziehungsweise Konflikten konstruktiv umzugehen. Für die These „gute Beziehung ist hilfreich, aber nicht zentral" spricht auch dieses Faktum: Dort, wo Paare über eine Programmleitung festgelegt werden, sodass Mentor und Mentee die Zusammenstellung nicht beeinflussen können, wären diese aus diesem systematischen Grund mehr gefährdet, auf der Beziehungsebene Probleme zu bekommen. Dem ist aber nicht so.

Der Hinweis, Personalentwickler sollten im Mentoring mit sachlichen Zielsetzungen arbeiten, diese in den Vordergrund rücken und erst dann schauen, welcher Mentor einem Mentee am besten helfen kann, trifft zudem das primäre Interesse der Mentees. Während dank des Selbstkonzepts von

HR und Personalern der Mensch im Mittelpunkt der Betrachtung und Bemühungen steht, ist es bei den Mentees – gegenteilig – die Karriere. Deshalb streben sie primär konkrete Ergebnisse und Lernfortschritte an und spielt die Beziehung eine geringere Rolle. Damit gehen Mentoren in aller Regel konform; als Führungskräfte setzen sie genau diese Akzente. *„Den Mentoren und Mentees ist somit offensichtlich sehr viel stärker als den Personalentwicklern klar, worum es im Mentoring wirklich geht: Zielerreichung, konkrete Ergebnisse, gemeinsamer Erfolg. Dies mit den Möglichkeiten, Menschen und Rahmenbedingungen, die verfügbar sind"* (ebd.).

Schützenhilfe erhält dieses Plädoyer von prominenter Seite. Christoph Nagler, der mit dem Zentrum für Weiterbildung und Wissenstransfer der Universität Augsburg zusammen eine neue Weiterbildung zum PE-Experten entwickelt hat, beklagt: *„Die PE scheut oft davor zurück, Ergebnisziele festzulegen"* (in: *Wirtschaft+Weiterbildung* 11.12.2010, S. 12).

Personaler und Führungskräfte, sagten wir oben, sind nicht die Feen für noch so engagierte und als High Potentials eingeordnete Kandidaten. Die Erwartung bei Berufseinsteigern – siehe „Generation Y" – ist häufig, dass Personaler und Führungskräfte dazu da sind, ihnen zu dienen, und zwar in der Weise, dass sie die Erwartungen der newcomer erfüllen. Mitnichten. Ein Lernfeld für Anfänger liegt nämlich auch darin, Kompromisse eingehen zu wollen und sich mit suboptimalen Verläufen konstruktiv zu arrangieren. Noch einmal Frank Edelkraut, der seinerseits eine Führungskraft zitiert: *„Da beschwerte sich eine Gruppe hochengagierter und ... qualifizierter Trainees darüber, dass sie in einem Praxisprojekt nicht die Aufmerksamkeit und Eigenverantwortung erhielten, die ihrer Trainee-Rolle angemessen sei. Das Feedback der verantwortlichen Führungskraft: ... Willkommen in der Realität. Das Unternehmen nimmt mehrere Millionen Euro in die Hand, um für den Kunden einen Mehrwert zu schaffen und am Markt erfolgreich zu sein. Ihr Trainees solltet euch klar machen, dass ihr im Projekt mitarbeitet, weil ihr als Mitarbeiter zu diesem Unternehmensziel beitragen sollt. Nehmt euch selber nicht so wichtig, denn ein geschütztes Trainee-Biotop darf und wird es nicht geben. "*

Öfter hören wir, ein Kandidat sei „ideal" – mit dem Zusatz: „wenn er nicht diese oder jene Macke hätte" oder „leider fehlt ihm aber diese oder jene Erfahrung oder Fähigkeit". Was tun? Wie das Risiko einer Fehlbesetzung minimieren? Unsere Aufforderung dazu: Personalentscheider sollten „ideal" ersetzen durch „in dem Zusammenhang, in dem die Position steht, der oder die Geeignetste". Sie sollten Abschied nehmen von der Idee, einen „fertigen" Experten oder Manager zu erhalten, der kontextunabhängig brilliert, und stattdessen bedenken, dass auch der glänzendste Kopf und der versierteste Profi sich am neuen Ort einleben muss und „on the job" Fertigkeiten entfalten kann, die vorher nicht sichtbar waren. Das learning on the job – verballhornt in der Wendung: „Die Leber wächst mit ihren Aufgaben" – bildet das Faktum ab, dass die Leistungsfähigkeit eines Kandidaten mit dem, was er konkret zu bewältigen hat, zunimmt. Dazu ein kurzes Beispiel:

Die Kandidatin, seit knapp fünf Jahren im Beruf, wurde auserkoren, die Position der Leiterin des Rechnungswesens, einer Unterabteilung des Bereichs Controlling mit sechs Mitarbeitenden, zu erhalten. Die Leiterin HR hatte dies zusammen mit dem Controllingchef beschlossen, obwohl die fachlich ausgezeichnete Leistungen vorweisende Kandidatin bis dato keinerlei Führungserfahrung mitbrachte. In den Vorgesprächen mit ihr wurde dies auch besprochen. Unter der Federführung der Personalerin ermunterte diese die Kandidatin, darzulegen, was sie motivierte, eine Führungsfunktion übernehmen zu wollen, und auch, aus welchen Gründen sie meinte, in diese Verantwortung „hineinwachsen" zu können. Die Kandidatin machte dazu ihre Ausführungen, die inhaltlich überzeugten. Als Beleg für die Richtigkeit ihrer Entscheidung, die Kandidatin einzustellen, werteten die beiden Personalentscheider außerdem, dass die Kandidatin offen erbat, gleich zu Beginn ihrer Tätigkeit aus der Personalentwicklung unterstützt zu werden. So wurde es gemacht. Die Kandidatin wurde in den ersten acht Wochen von einem Mentor begleitet, einem externen Fachmann, verbunden mit dem Angebot, einen Coach konsultieren zu können, mit dem sie die nichtfachlichen Herausforderungen, eben die Fragen rund ums Führungsverhalten, reflektieren konnte.

Die Beispiele verdeutlichen, dass die ersten Weichen in Richtung individuelle Laufbahn(-beratung) bereits im Rahmen der Kandidatenauswahl gestellt werden können. Hilfreich ist, die Hauptgedanken, die wir in den vorangegangenen Kapiteln ausgeführt haben, mit dem Aspekt der individuellen Laufbahn zu kombinieren. Sicher, die persönliche Karriere kann zum Zeitpunkt der Entscheidung für einen Kandidaten noch nicht im Sinn eines abzuarbeitenden Plans feststehen. Aber wenn die Gespräche im Entscheidungsprozess die grundsätzlichen Möglichkeiten der individuellen Karriere im Unternehmen thematisieren, dann haben sowohl Personalverantwortliche als auch Kandidaten noch eine zusätzliche Option, sich für oder gegen die Einstellung zu entscheiden.

Ein kleines Unternehmen in der Elektronikindustrie mit einem hervorragenden Ruf in der Branche hatte vorzugsweise Fachleute angestellt, die diesen Ruf begründeten. Nachdem immer öfter der Wunsch ausgesprochen worden war, „höher" zu steigen, setzten sich der Vorsitzende der Geschäftsleitung und der Personalchef (ebenfalls Mitglied dieses Gremiums) zusammen, um zu beraten, was sie als Programm auflegen könnten. Denn klar war, dass nicht alle Experten zu Führungskräften gemacht werden konnten – das gab die Struktur des Unternehmens nicht her. Hinzu kam, dass sich nicht jeder geniale Experte als Führungsfigur eignete. Also brauchten sie Alternativen, die sowohl den Betroffenen als auch dem Unternehmen zugute kommen sollten.

Nach ausgiebiger Diskussion entschied sich das Tandem und in der Folge die gesamte Geschäftsleitung für diese Lösung: Sie boten zwei Laufbahnen an. Die eine in Richtung Führungsfunktionen in der Linie (nicht mehr nur im Projekt als Projektleitung), also vertikal; die andere in Richtung Spezialistentum, also horizontal. Dieser Karrierearm wurde als ein Champion-Modell aufgelegt. Somit konnte die Geschäftsleitung verdeutlichen, dass die Seitenlinie kein Ergebnis einer Verlegenheitslösung war, sondern sehr durchdacht und unternehmensstrategisch weitreichend. In diesen Pool kamen nämlich nur Experten, die nicht nur außergewöhnlich kompetent auf ihrem Gebiet waren, sondern zudem sich für eine Spezialistenlaufbahn entschieden. An

Attraktivität gewann dieses Modell unter anderem dadurch, dass Fachleute anderer Unternehmen in der Branche weltweit auf gerade diese Champions zugreifen konnten. Mit anderen Worten: Die Spezialistenlaufbahn eröffnete Möglichkeiten, sich als Experte international profilieren und betätigen zu können.

Dieses duale Modell wurde einem Kandidaten erläutert, den das Unternehmen für sich gewinnen wollte. Dabei machte der Kandidat im Verlauf der Gespräche mit dem Personalchef und dem direkten Vorgesetzten eine Kehrtwende.

In dem zweiten Gespräch hatte er sich nämlich danach erkundigt, welche Aufstiegschancen er im Unternehmen hätte. Darunter verstand er, eine Führungsposition zu bekleiden. Der Personalchef hatte bereits in diesem zweiten Gespräch mit dem Kandidaten ausführlich die Motivation, Führungskraft zu werden, erkundet. Zwei Erkenntnisse daraus erwiesen sich für Kandidat wie Personaler als wegweisend.

Die erste Erkenntnis lautete: Der Kandidat hatte mit Karriere ausnahmslos den Weg „nach oben" assoziiert. „Ich will ja nicht mein Leben lang nur einfacher Projektmitarbeiter bleiben. Immerhin gehe ich auf Mitte dreißig zu, und da muss schon noch mehr drin sein."

Die zweite Erkenntnis löste ein ausgiebiges Besprechen der Anforderungen und Verpflichtungen einer Führungsfunktion im Unternehmen aus. Der Personaler erläuterte, woraus die alltäglichen Aufgaben von Führungskräften in diesem Unternehmen bestünden. In dieser Erläuterung beschönigte er nichts. Neben den gemeinhin als verlockend und „spannend" beschriebenen Aufgaben, etwa strategische Fragen zu behandeln, hob er auch die administrativen Verpflichtungen hervor und führte aus, wie in diesem Unternehmen Personalführung begriffen und gelebt würde. Bei diesem Kapitel der Verantwortung hielt sich der Personalchef länger auf. Denn in dem hoch spezialisierten Unternehmen kam es entscheidend darauf an, Experten zu halten *und damit so zu führen, dass sich jeder gut und angemessen und in seiner Eigenheit wertgeschätzt fühlt. Er machte keinen Hehl daraus, dass sich nicht eben wenige Experten als Primadonnen verhielten – eine besondere Herausforderung für jede Führungskraft.*

Sinn und Zweck dieser Ausführungen war keinesfalls, den Kandidaten abzuschrecken. Vielmehr sollten sie als Einladung fungieren, sich darüber Gedanken zu machen, wie stark der Kandidat seine persönliche Eignung und Sympathie in dieser Richtung einschätzte.

Das Fazit des finalen Gesprächs teilte der Kandidat dem Personalchef und seinem zukünftigen Vorgesetzten mit: Er sei zu dem Schluss gekommen, dass zumindest zurzeit das Thema Mitarbeiterführung für ihn nicht im Vordergrund stünde. Er fände die Championlaufbahn eigentlich attraktiver. Denn er habe bei sich entdeckt, dass er in seinem Fachgebiet ungemein gern arbeite und sein Ehrgeiz in erster Linie darauf gerichtet sei, hier einer der Besten zu werden.

Die Erfahrung zeigt, dass es klug ist, mit dem Kandidaten zu klären, in welcher primären Funktion er im Unternehmen wirken soll. Dies ist abzugleichen mit dem, was der Kandidat will. Etwa ist es sinnvoll, dass die Führungskraft überlegt, ob der Kandidat vornehmlich als korrekt arbeitender Fachmann oder als kreativ spinnender Innovator oder als kritischer Kontrolleur oder als Vermittler zwischen Projektteams oder ... oder... eingesetzt werden soll. Diese Fragen berühren unmittelbar das berufliche Selbstverständnis. Und dies ist die Klammer, innerhalb derer das Verhalten ausgerichtet wird. Das Selbstverständnis offenbart sich in dem, was und wie jemand agiert und welche Erwartungen er an Kollegen, Vorgesetzte, Kunden, Lieferanten stellt. Dieser Aspekt der beruflichen Identität und Funktion in dem Zielunternehmen sollte während der Auswahlgespräche abgesteckt werden, um Informationen darüber auszutauschen, welche Meilensteine eine individuelle Laufbahn im Unternehmen haben könnte.

Schließlich sei ein Punkt erwähnt, der öfter vernachlässigt wird als man vermuten möchte: Glaubwürdigkeit. Das, was in Aussicht gestellt wird, sollte eingehalten werden. Ist das nicht möglich, sollten die ersten Zeichen, die in diese Richtung deuten, von dem oder den Personalverantwortlichen aufgegriffen und mit dem Betroffenen darüber gesprochen werden. Für den Zeitraum des Auswahl- und Entscheidungsprozesses gilt die Formel: Das, was wir versprechen oder begründet in Aussicht stellen, halten wir ein. Anders gesagt: Die Unternehmensvertreter sollten das, was sie zusagen, glaubwürdig vertreten können. Wer das auf die leichte Schulter nimmt, zahlt einen hohen Preis:

In dem großen Mittelständer aus der Konsumgüterindustrie war die Position eines Geschäftsführers zu besetzen. Der Geschäftsführer berichtete an den Vorstand. In den Auswahlgesprächen waren für den in der Branche sehr erfahrenen Kandidaten zwei Dinge besonders wichtig: Welche Befugnisse und Freiräume würde er haben? Und welche Rechte würde der Vorstand für sich beanspruchen, in den Bereich reinzuregieren, den er, der Kandidat operativ und strategisch zu verantworten hätte? Die Zusage war: Alle Freiheiten, die ein Geschäftsführer nur haben kann, um das zu tun, wozu er eingestellt ist, nämlich das Geschäft auf Kurs zu halten und diesen nach oben zu treiben. In Bezug auf das Reinregieren wurde versichert, das würde nicht passieren.

Es kam anders. Die Freiheiten in operativen Belangen wurden ebenso rabiat beschnitten wie die Autonomie in der Geschäftsführung. Etwa dadurch, dass sich Personen aus dem Vorstand für die eigentlichen Strategen hielten und dem neuen Geschäftsführer Vorgaben machten, die dieser nicht als Erfolg versprechend betrachtete. Oder dadurch, dass sich sein unmittelbarer Ansprechpartner aus dem Vorstand herausnahm, direkt, das heißt, den Geschäftsführer umgehend auf dessen Mitarbeiter zuzugreifen und sie mit Aufgaben zuzudecken.

Nach Ablauf einiger Monate des Ringens war der Geschäftsführer nahe daran, das Handtuch zu schmeißen. „Ich bin doch nicht angetreten, den Laufburschen zu spielen!", empörte er sich beim Personalberater. „Ich will mein Geschäft voranbringen, mich meinen Mitarbeitern widmen und kann das aber kaum tun, weil die Honoratioren sich damit vergnügen, mir andauernd reinzupfuschen. Ich vergeude wertvolle Energie mit diesen überflüssigen Rangeleien. Dazu habe ich nun überhaupt keine Lust!" Seine Wechselmotivation war entfacht. Da er ein sehr konstruktiver Mensch war, erklärte er sich bereit, mit Unterstützung des Beraters und der Personalleiterin einen Prozess zu initiieren, der Klärung schaffen und dafür sorgen sollte, dass die Versprechen, die ihm gemacht worden waren, auch realisiert wurden. Dieser Prozess schloss ein heikles Moment ein: Der Personalerin, die im Unternehmen als Vertrauensperson galt, waren Stimmen der Irritation, der Verunsicherung und Kritik über das Auftreten des neuen Geschäftsführers zu Ohren gekommen. Diese legten nahe, dass Personalentwicklung und Geschäftsführer für ihn persönlich eine Art Entwicklungsplan aufzusetzen, der ein einziges Ziel verfolgte: Die Bereitschaft und Sensibilität in der Empfängerorientierung zu erhöhen (Wer ist mein Gegenüber?) und – damit verknüpft – das Repertoire zu erweitern, sich auf die unterschiedlichen Gegenüber im Verhalten einzustellen. Der Geschäftsführer wählte ein individuelles Coaching.

Grundsätzlich, so unser Credo, hilft es, eine Einstellung einzunehmen, die Personalverantwortliche und HR in die Pflicht nimmt: Mit dem Blick auf die Vereinbarung von individuellem Werdegang im Unternehmen und die Firmenziele haben sie die Funktion, Kandidaten genau das zu ermöglichen. Allerdings ist diese Einstellung keinesfalls gleichbedeutend damit, sämtliche Ansinnen und Wünsche von Kandidaten zu bejahen und zu flankieren. Zu der genannten Aufgabe gehört nämlich ebenso, im Bedarfsfall korrigierend zu intervenieren und sogar Nein zu einer Forderung zu sagen. Selbstverständlich sollte ein Nein selbst zu einer Platzierung sein, wenn der Kandidat „eigentlich schon passen würde", gleichzeitig aber begründete Zweifel daran bestehen, dass er sich auf Dauer im Unternehmen wohlfühlen und sich für die Ziele des Unternehmens hochgradig engagieren würde.

Ein Kandidat sagte zu. Personaler und Führungskraft waren beide der Auffassung, er eigne sich hervorragend für die Stelle. Allerdings bezweifelten sie, dass der Kandidat sich voller Überzeugung für das Unternehmen entschieden hatte. Der Verdacht war, nur zweite Wahl zu sein. Dafür sprach auch seine Forderung, bereits innerhalb des ersten Jahres eine Hierarchiestufe hochzuwandern. Die beiden Personalentscheider thematisierten dies mit dem Kandidaten. Er widersprach der Vermutung, das Unternehmen sei zweite Wahl oder eine Verlegenheitslösung, ohne allerdings nachzuhaken, warum seine Gesprächspartner diesen Eindruck gewonnen hätten. Dieser Mangel an Nachfrage verstärkte das Misstrauen. Auf den Wunsch angesprochen, bereits im ersten Jahr die Leiter hochzusteigen, verwies er auf seine Erfahrung als Gruppenleiter und auf seine individuelle Lebensplanung. Die sehe vor, mit fünfunddreißig mindestens eine Abteilung zu führen. Bei seinen Gesprächspartnern nährte diese Antwort einen zweiten Verdacht: Die Einstellung im Unternehmen wäre für den Kandidaten nur eine Station auf einer Reise woandershin, und sobald es eine Alternative gäbe, wäre er fort. Das teilten sie ihm als Begründung dafür mit, ihn trotz seiner Eignung nicht zu nehmen.

Ein Nein zu (weiterer) Beschäftigung oder Beförderung darf ebenfalls ausgesprochen werden, sobald sich herauskristallisiert, dass etwas in dem Viereck von Potenzial, Können, Wollen, Dürfen nicht (mehr) passt. Beispiel Selbstüberschätzung: Ein Kandidat behauptet von sich selbst, er sei der perfekte Teamleiter. Und dies, obwohl seine Vita und Erfahrungen bestenfalls die Positionierung als erfahrenen Sachbearbeiter anraten. Etwa, weil er weder beruflich noch im privaten Bereich je Führungsfunktionen innehatte oder weil er zwei andere Unternehmen mit der Begründung verlassen hat, sein „Talent für Führung sei unerkannt geblieben", deshalb habe er „die Reißleine" ziehen müssen. Ausnahmslos ist darauf zu achten, dass die eigene Stellungnahme nachvollziehbar argumentiert werden kann. Idealerweise ist sie kombiniert mit dem Angebot, alternative Wege einzuschlagen. Das gilt für Berufseinsteiger, für Experten/Spezialisten, für erfahrene Führungskräfte, für High Potentials und High Performer.

Für die Phase der Kandidatenauswahl folgt aus diesen Überlegungen, dass den Kandidaten, die in die engste Wahl rücken, ausführliche Gespräche in unterschiedlichen Settings und mit verschiedenen Personen angeboten werden. Unternehmen, die mit standardisierten Auswahlverfahren arbeiten, empfehlen wir, vielfältige diagnostische Instrumente einzusetzen und sie – wie bereits im ersten Kapitel notiert – als Fragebasis zu behandeln. Die Gesprächsinhalte sollten über die viel zitierten und fast schon ritualhaften Stärken-Schwächen-Fragen hinausgehen und die gesamte Persönlichkeit in den Blick nehmen. Unterschiedliche Sichtweisen werden eingenommen, und das erhöht die Vielfalt. Diese wiederum ist nützlich, weil sie eine breite Palette an Informationen liefert. All dies wird in mögliche Karrierewege eingespeist – als Optionen, nicht als Pläne. Insbesondere, wenn Schlüsselpositionen besetzt werden sollen, lohnt sich der zusätzliche Aufwand, auch den Kontext, die Arbeitsumgebung und den dort aktiven Personen einzubeziehen. Wie oben geschildert profitieren auch von dieser Maßnahme die Beteiligten wie die Betroffenen.

Wird der größere Zusammenhang betrachtet (vgl. auch 2.1 bis 2.3), dann werden Wechselwirkungen und Vernetzungen deutlich. Diese werden in den Gesprächen thematisiert und dienen sowohl den Personalentscheidern als auch dem Kandidaten als Futter, mit dem weitere Überlegungen angereichert werden. Denken Sie etwa an die Fragen, auf die Personaler Antworten benötigen (zum Beispiel 2.2 bis 2.5) oder daran, welche Aspekte der Selbstbefragung dem Kandidaten helfen, sich selbst zu positionieren (v. a. 2.5). All dies transportiert Informationen, die unter anderem dafür wichtig sind, individuell zugeschnittene Karriereaussichten zu entwerfen, die sich ihrerseits im Kanal der Unternehmensziele bewegen. Die genannten Beispiele zeigen auf, wie dieser Gedanke in der Praxis umgesetzt werden kann.

2.7 Personalentscheider fordern von Beratern Unterstützung in einer nachhaltigen Besetzung

Executive Search gilt als „Königsdiszplin der Branche" (Steffen W. Hillebrecht, Anke Peiniger, *Grundkurs Personalberatung*, Leonberg, 3. Aufl. 2010, S. 63). Warum?

Der Geschäftsführer eines mittelständischen Unternehmens aus der Logistik-
branche beklagte sich bei dem frisch engagierten erfahrenen Personalbera-
ter: „Für die Position des Logistikleiters hatten wir eine Personalvermittlung

eingeschaltet. Klar. Erfahrene Führungskräfte findet man ja weniger per An-
zeige. Die Vermittlerin hatte vier Personen ins Gespräch gebracht. Der Pro-
zess war irgendwie kurz, fand ich jedenfalls. Sie hatte mit den Kandidaten
nämlich nur telefoniert, wenn auch mehrmals und länger. Im Dossier zu
den schließlich vier Kandidaten hatte sie Angaben gemacht zu Dingen, die
normalerweise im Lebenslauf stehen. Mehr eigentlich nicht. Na, wir stan-
den zeitlich unter Druck und nahmen dann eine von den vier Personen.
Inzwischen beginnt sich leider abzuzeichnen, dass die Wahl keine gute war.
Deshalb sind Sie hier. Wir wollen die Position neu besetzen. Der Mann weiß
das und ist bereit, ins zweite Glied zurückzutreten. Wir wollen ihn gern be-
halten, vielleicht auch dazu aufbauen, Chef für das Deutschlandgeschäft
zu werden, weil wir ihn für einen sehr kompetenten Mann halten. Aber er
kann den Bereich International nicht führen. Im Gespräch mit mir und der
Personalchefin gestand er zwar verlegen, aber doch offen ein, mit der Verant-
wortung als Leiter der gesamten Logistik überfordert zu sein. Insofern haben
wir unseren ‚Fehlgriff‘ dieses Mal in einen Glücksgriff verwandeln können.
Allerdings wollen wir das nicht wiederholen!"

Die Antwort auf die Warum-Frage setzt sich zusammen aus Elementen
kompetenter Personalberatung. Wie immer beschränken wir das Mosaik an
nötigen Kompetenzen auf unser Thema, die Platzierung geeigneter Kandidaten.

In unregelmäßigen Abständen haben wir unsere Kunden gefragt, woran sie
kompetente Personalberater erkennen. Hier einige Antworten:

Professionalität und Ethos bei der Kandidatensuche: „Ich möchte, dass der
Berater mir bei einem Personalproblem hilft und mir passende Leute aus-
sucht, die ich dann näher angucken kann." – *„Ich lege Wert darauf, dass*
der Berater mir glasklar angeben kann, welche ethischen Richtlinien er bei
der Suche anlegt. Außerdem muss er präzise angeben können, was ihn als
Profi ausmacht: wie er sucht, welche Tools er für Diagnostik von Eignung und
Potenzial anwendet, wie er bewertet und kontrolliert."

Qualität sichern, Begleitung des platzierten Kandidaten beziehungsweise der Führungskraft, Mentoring, Coaching, Interventionskompetenz: „Einige Berater machen sich ja aus dem Staub, sobald ein Kandidat eingestellt ist. Wenn es Probleme gibt, dann muss das Unternehmen damit klarkommen. Deshalb finde ich es vertrauenswürdig, wenn Personalberater auch nach der Platzierung noch zur Verfügung stehen – und zwar im Rahmen desselben Mandats!" – „Ich erwarte von einem Personalberater vor allem, dass er den gesamten Prozess begleitet – von der Suche bis hin zur Einstellung und bei Bedarf auch darüber hinaus. Ich wünsche mir auch, dass er mich unterstützt und vor Beurteilungsfallen warnt." – „Wenn es darum geht, jemanden zu suchen, damit bestimmte Veränderungen im Unternehmen ventiliert werden, dann erwarte ich von dem Berater in jedem Fall, dass er solange bei der Stange bleibt, bis der von ihm empfohlene Kandidat diese Hoffnungen erfüllt." – Lernoptionen bieten: „Für mich ist eine gute Personalberaterin eine, die mit mir zusammen den gesamten Prozess gestaltet und von der ich lernen kann." – „Von kompetenten Experten auf dem Gebiet erwarte ich, dass sie nicht nur ihr Einmaleins beherrschen. Ich erwarte auch, dass sie mir überlegen sind und Mehrwert bieten, und zwar besonders in den Techniken, die sie im Gespräch mit dem Kandidaten anwenden. Ich bezahle die Berater ja auch dafür, dass ich mir etwas abgucken kann."

Kurz zum erwähnten Pflichtprogramm. Da es inzwischen zahlreiche Bücher dazu gibt und wir im Verlauf der Kapitel bereits wesentliche Grundlagen genannt haben, genügen hier einige zusätzliche Hinweise. So ist es korrekt: In einer Notiz der Süddeutschen Zeitung vom 18.10.10 wird auf etwas hingewiesen, das für kompetente Berater im Rahmen des Executive Search eine Selbstverständlichkeit ist, in die Routine des Recruitings auf der Seite von Personalverantwortlichen indes noch nicht eingeflossen ist: „Soziale Netzwerke werden für die Mitarbeitersuche und Markenbildung immer wichtiger, doch für Personalmanager sind sie oft noch unbekanntes Terrain. Das stellt sie vor neue Herausforderungen". Die Tagung ‚Personalmanagement Online' am 30.9. und 1.10.10 in Berlin thematisiert den zunehmenden Einsatz von Online-Tools im HRmanagement und skizziert die Konsequenzen *für das Employer Branding, das Recruiting und die PE: www.personalmanagement-online.de"* (SZ 18.10.10). Eine weniger bekannte Strategie ist das Scouting (W. Rieck, *Professionelles Personalmanagement,* Bd 4:, Berlin 2002; W. Rieck, *Forschungsbericht: High-Potentials durch Scouting gewinnen,* in: Bröckermann, R., W. Pepels (Hrsg.), *Handbuch Recruitment: Die neuen Wege moderner Personalakquisition.* Berlin, S. 111-142 und 458).

Immer wieder – auch das zählt zum Pflichtprogramm – wird die Langwierigkeit von Bewerbungsverfahren beklagt (zum Beispiel Franziska Brüning, *Kandidat in der Endlosschleife,* in: *Süddeutsche Zeitung* 11.09.10). Berater wie Personalentscheider sollten auf die Vorbereitung des Interview- und Evaluierungsprozesses viel Zeit verwenden, damit die Gespräche und Assessments zügig durchgeführt und eine Entscheidung innerhalb weniger Wochen gefällt werden kann. Dabei können sie sich einer breiten Palette von Tools bedienen, von Standardtests über diagnostische Verfahren für Eignung und Potenzialerfassung und Assessment Center-Veranstaltungen bis zum narrativen Interview. (Anmerkung: Wer vorzugsweise auf der Suche nach Berufseinsteigern ist, kann beispielsweise den von Finanztest mit 1,6 in Ausgabe 3/2007 gekürten Standardtest des gevainstituts wählen, um die Kandidaten zu Selbstbefragung zu nötigen (2.5). Es ist ein Onlinetest zur Selbsteinschätzung im Rahmen der beruflichen Orientierung für Anfänger. Egal, wie man solche Tests einordnet und welchen Aussagewert man ihnen zuerkennt – sie eignen sich allein schon deshalb, weil sie das Nachdenken über die eigene Person zu befördern. Das gilt auch für Selbsteinschätzungstools für Führungskräfte wie den Test der Kienbaum-Beratung (*Frankfurter Allgemeine Sonntagszeitung,* 25.9.10, Test für Führungsaufgabe; detaillierter Test: *http://fazjob.net/managertest*). Ausgefeilter und aufwändiger sind Rollenspiele wie sie das Uniklinikum in Hamburg für Medizinstudenten durchführt, die sich auf den beruflichen Einsatz vorbereiten (Timo Kotowski, *Rollenspiel für Medizinstudenten, Frankfurter Allgemeine Sonntagszeitung,* 02.10.10: Auswahlverfahren.)

Neben dem Pflichtprogramm bezüglich Ausbildung, Marktkenntnis, Quellennutzung, Kontakten und anderen Facetten des beraterischen Expertenwissens erwarten Kunden von einer Personalberatung, dass diese sie zielorientiert und professionell unterstützt, berät und noch eine Weile begleitet. Der kompetente und verantwortungsvolle Personalberater vermittelt nicht nur, sondern begreift die Platzierung eines Kandidaten als ein Mittel, um das Unternehmen mit nach vorne zu bringen. Der Kandidat gilt sozusagen als Träger von Mehrwert und Investition. Deshalb verlässt der Berater das Schiff nicht, sobald die Besetzung „abgewickelt" ist. Eine Personalberatung, die sich als Business-Partner versteht und als solcher Partner ernst genommen werden will, sitzt beraterisch auch dann noch mit im Boot, wenn der Kandidat platziert und damit im neuen Unternehmen angestellt ist. (So auch zum Beispiel Gordon Lippitt/Ronald Lippitt, *Beratung als Prozess*. 4. Aufl., Leonberg 2006;. Bernd-Joachim Ertelt, William E. Schulz, *Handbuch Beratungskompetenz*, 2. erw. Aufl., Leonberg 2008).

Ein global tätiges Unternehmen mit mehreren Tausend Mitarbeitern wollte nicht mehr als Dampfer unterwegs sein. Das Topmanagement hatte realisiert, dass es neben der Zentrale, die erhalten bleiben sollte, Großeinheiten aufspalten musste, um den Erfolg zu sichern und auszubauen. Es brauchte eine Flotte kleiner Schnellboote: komplette Einheiten mit Profit-Verantwortung. Die Idee war, Werke aufzubauen, die maximal eintausend Mitarbeiter hatten und analog zu Profit-Centern arbeiten sollten. Als Spezialität kam hinzu, dass die Besatzung der Schnellboote, die einzelnen Spezialisten also, die Boote je nach Bedarf wechseln konnten und in der Struktur einer Matrix arbeiten mussten. Übersetzt: Sie mussten flexibel genug sein, um jederzeit in ein anderes Werk wechseln zu können. Außerdem mussten sie mental bereit und fähig sein, sich in einer Matrixstruktur zu arrangieren. Der Kapitän des Schnellbootes, der Werkleiter, musste im Sinne der gesamten Flotte einschließlich des Mutterschiffes, denken und entsprechend zu handeln in der Lage sein. Es lag vornehmlich an ihm, Prioritäten zu setzen und zu entscheiden, wer von den Experten auf welchem Schiff wann und wozu genau benötigt wurde. Für dieses organisatorische Gewaltvorhaben wurden passende

Experten und Führungspersönlichkeiten gesucht. Die angeheuerte Personal-
beratung machte sich mit Unternehmenskultur sowie mit dem Konzept der
neuen Struktur und Prozesse vertraut, prüfte Konzept und Realitätschancen
gemeinsam mit dem Topmanagement und definierte an diesen gemeinsamen
Arbeitstagen Profile für Kandidaten. Dabei wurden National- und Regional-
kulturen berücksichtigt, Anforderungen an die Tätigkeit in fachlicher und
psychologischer Hinsicht ausbuchstabiert und darauf geachtet, dass diese
definitorischen Merkmale nicht im Abstrakten verblieben, sondern konkrete,
beobachtbare Merkmale waren.

Im ersten Durchgang konzentrierten sich die Berater darauf, Kandidaten
für die Werkleitungen und Spezialisten zu suchen, die eine Schlüsselstellung
erhalten sollten. Unter den platzierten Kandidaten waren Personen, die erst
auf eine kurze Berufslaufbahn zurückblicken konnten und noch etwas unsi-
cher waren. Das erstaunte weder Berater noch Personalverantwortliche, weil
ihnen und den Kandidaten dies bereits bei der Auswahl klar gewesen war. Es
war dann der Job der Berater, diese Kandidaten über mehrere Monate bis zu
einem Jahr zu begleiten, sie zu coachen und dafür zu sorgen, dass sie sich
in ihrer Funktion bewähren konnten.

Bei einem der erfahrenen Kandidaten kam es zu einer Überraschung: Er
fiel in ein Motivationsloch. Im Verlauf der zunächst integrativen, dann klä-
renden und neue Perspektiven eröffnenden Bemühungen des Beraters stell-
te sich als Grund für dieses Motivationsloch dies heraus: Er, der Kandidat,
sei davon ausgegangen, dass der Change, der vollbracht werden sollte, mit
Schwung und hoher Geschwindigkeit passieren sollte. Deshalb habe er Gas
gegeben, sei aber von der Zentrale gebremst worden. Und zwar mehrmals. Er
habe aber keine Lust, mit angezogener Handbremse zu arbeiten. Nach mehr-
fachen Anstrengungen vonseiten der Berater wie der HR-Chefin, ihn in den
Changeprozess zurückzubringen, wurde eine Intervention gewählt, die unüb-
lich ist: Im Konsens mit der HR-Chefin öffnete der Berater sein Branchennetz-
werk, um dem Kandidaten zu ermöglichen, in ein Unternehmen zu wechseln,
in dem er seine Fähigkeiten und seine Art zu arbeiten, besser verwirklichen

konnte. Diese Maßnahme nutzte sowohl dem global tätigen Unternehmen als auch dem Kandidaten.

Kompetente und verantwortungsbewusste Personalberatung deckt zudem das ausgesprochene oder unausgesprochene Interesse von Personalern ab, sich von dem Profi etwas abgucken zu können. Das zwingt den Berater übrigens dazu, sein Know-how so anzuwenden, dass es als Vorlage oder modellhaftes Vorgehen geeignet ist. Eine Binnenkontrolle sozusagen, die der Qualität der eigenen Arbeit zugute kommt.

Der Kunde hatte eine Personalberatung gesucht, die dem Prinzip der Nachhaltigkeit von Platzierungen verpflichtet ist und dem Postulat folgt, die Beratung solle nicht eine Position besetzen, sondern den Kandidaten helfen, sich zu integrieren und ambitioniert dabei helfen, die sehr sportlichen Unternehmensziele zu erreichen – und dies im Konsens mit allen Beteiligten. Trotz der Ergebnisorientierung des Kunden hatte dieser sich für eine Personalberatung entschieden, die Wertorientierung und Nachhaltigkeit auf ihre Fahne geschrieben hatte. Er wurde nicht enttäuscht. Gesucht wurde ein Geschäftsführer, der in der Lage sein würde, das „Patchwork" von Niederlassungen im In- und europäischen Ausland zu managen.

Im ersten Schritt des gesamten Beratungsprozesses nahm sich der Berater Zeit, um sich das Unternehmen näher anzuschauen. Sein Ziel: „Wir schauen, wer unser Kunde ist. Wichtig ist uns, leibhaftig mitzukriegen, wie die Menschen dort behandelt werden, die Mitarbeiter wie die Führungskräfte; wie die Kommunikation und Zusammenarbeit zwischen den Leuten läuft, wie sie miteinander umgehen. Wir gucken auch nach Managementtools: Welche Art der Führung wird praktiziert? Gibt es das Führen mit Zielen? Welche Freiräume haben Führungskräfte? Welche Werte in der Arbeit (zum Beispiel Selbstkontrolle, Zuverlässigkeit, Zielerreichung, Weitblick) und im Umgang (zum Beispiel Fairness, Rücksichtnahme) werden hochgehalten? Wie wird kontrolliert? Auch: Welchen Status genießt das HR? Ist es Sparringpartner? Leistet es Unterstützung und ist es Ansprechpartner für Führungskräfte? Wir fragen auch danach, wie die Vision des Unternehmens aussieht: Wo will das Unternehmen in fünf oder zehn Jahren sein? Welches Image will es dann haben? Welche Leute braucht das Unternehmen bereits jetzt dafür, damit es sich auf den Weg machen und dorthin gelangen kann? Welche Entwicklungsmöglichkeiten bietet das Unternehmen wem?" Diese und ähnliche Fragestellungen dienten als Leitfaden für das Entrée des Beraters. Und bereits in diesem Stadium bekannte der HR-Chef, er habe zahlreiche Anregungen für seine eigene Arbeit erhalten.

Durch diesen Einstieg in den Beratungsauftrag war es der Personalberatung gelungen, das Vertrauen des Vorstands zu gewinnen: Das Vertrauen, dass es die Beratung ernst meint, wenn sie Werte und insbesondere Nachhaltigkeit hochhält, und auch das Vertrauen, dass die Beratungsgesellschaft den gesamten Prozess verantwortungsbewusst und zielbezogen gestalten würde.

Eine Personalberatung lebt – wie andere Dienstleister – von den Personen, die in ihrem Namen und unter ihrem Dach arbeiten und den Kunden bedienen. An die Beraterpersönlichkeit werden allerdings besonders hohe Ansprüche gestellt. Selbstverständlich benötigt sie ein breites Repertoire kommunikativer und interaktiver Kompetenzen. Diese schließen Fingerspitzen- und Feingefühl genauso ein wie die Bereitschaft und Fähigkeit, auch direktiv oder autoritär (im Sinn von: Richtung vorgeben) aufzutreten und vorzugehen. Die Beraterpersönlichkeit kommt mit Vertreterinnen und Vertretern der unterschiedlichsten Jahrgänge, Milieus und Kulturen zusammen und braucht deshalb zusätzlich eine spezifische ethische und mentale Grundeinstellung.

Wir nennen einige Schlaglichter. Oft ist zu lesen: „Berater sollen Menschen mögen" – nun ja, das ist uns zu dünn. Sicher, Autisten eignen sich genauso wenig als Berater wie Narzisten. Dass ein Berater gern mit Menschen zu tun hat, gern mit anderen Menschen etwas zustande bringt, ist notwendig. Ethisch bewusst und effektiv zugleich können Berater vor allem dann handeln, wenn sie einen grundsätzlich wohlwollenden Respekt vor dem anderen Individuum empfinden. Dabei ist es unerheblich, ob die andere Person aus einem vertrauten oder fremden Kulturkreis stammt, ob sie zu der Generation der „Digital Natives", der „Digital Immigrants" oder der „Analogen" gehört oder wie jung beziehungsweise alt sie ist, ob männlich, weiblich oder transsexuell. Die Achtung vor dem anderen Menschen als Persönlichkeit ist basal und unabdingbar. Und das nicht nur aus ethischen Gründen. Auch wer rein zielgerichtet und nüchtern überlegt, gelangt zu dieser Forderung. Denn ohne diese Achtung sind die Chancen darauf, Zugang zu dem Gegenüber zu erhalten, gleich Null. Den Zugang brauchen Berater aber, denn ohne Zugang kein Dialog, und ohne Dialog keine Informationen, die dem Berater als Grundlage für Beurteilung und Beratung dienen.

Dieser Respekt, verbunden mit mentaler Offenheit, ist die Bedingung der Möglichkeit für Empathie. Damit meinen wir beides: das Sich-Hineindenken und Sich-Hineinfühlen in die andere Persönlichkeit. Kurz gesagt: deren Perspektive einzunehmen. Das kann natürlich nur ansatzweise klappen, aber immerhin. Entscheidend sind das Bewusstsein und die Sensibilität für den anderen als Anderen. Dies ist das Sprungbrett dafür, die eigene Voreingenommenheit und die persönlichen Vorurteile zumindest zu erkennen und diese Erkenntnis zu nutzen, um die eigenen Wertungen und Urteile auf den Prüfstand zu stellen. Dieses Bewusstsein ermöglicht zudem, den blinden Fleck in der Selbstkenntnis zu verkleinern. Dies wiederum ist nützlich, um die Selbststeuerung zu verbessern. Wenn Sie also den Kandidaten als „gutaussehend, sympathisch, dynamisch" wahrnehmen und daraus folgern, dass er „intelligent, einfallsreich, kommunikativ stark" ist – dann, ja dann ist dies ein guter Zeitpunkt, um die eigenen mentalen Fallen zu orten. Sind Berater zu dieser Selbstreflexion in der Lage, ist das – das lehren uns Sozialpsychologen genauso wie Neuropsychologen – bereits ein großer Sprung. Denn er reduziert die Wahrscheinlichkeit, dass sie in eigene Vorurteilsfallen tappen. Denken Sie an Halo-Effekt & Co! (Das passiert ja nicht nur Personalern!)

Zu diesem mentalen Komplex gehört eine kindliche Neugier. Wir meinen damit das Staunen und Beschauen des anderen – im Gegensatz zu der Gewohnheit, den Kandidaten nach dem berühmten ersten Eindruck in eine Schublade zu verfrachten, aus der herauszukommen er kaum eine bis keine Gelegenheit erhält. Im pragmatischen Kontext der Kandidatenauswahl wird dieses Beschauen um das rationale Moment der Eignung an einen Zweck angedockt: Es gilt, herauszufinden, aus welchen Gründen und inwiefern ein Kandidat für die ausgeschriebene Position in dem konkreten Unternehmen, in die Kern- oder Hauptkultur und die binnenkulturelle Vielfalt nachhaltig hineinpasst.

Wir verlangen Beratern in diesen Hinsichten von Einstellung und Kommunikation mindestens das ab, was wir Personalexperten abverlangen: Eine außergewöhnliche mentale Offenheit, gepaart mit einem philosophisch-psychologischen Interesse am Menschen und dem Wissen darum, die Kandidatenpersönlichkeit bestenfalls einkreisen, nicht aber präzise abstecken oder „richtig erkennen" zu können. Fehlbesetzungen sind immer möglich, aber sehr unterschiedlich wahrscheinlich. Es geht darum, das Risiko systematisch zu verkleinern. Dazu bedarf es einer kompetenten Beratungsleistung, die die genannten Voraussetzungen erfüllt. Sie übernimmt unternehmerische Mitverantwortung. Sie unterstützt Personalentscheider und leistet durch die Besetzung einer Position mit einem Kandidaten einen Beitrag dazu, Probleme zu lösen und Unternehmensziele zu realisieren: durch intime Kenntnis des Innenlebens des Unternehmens, durch Partizipation aller Beteiligten, durch gründliche und verantwortungsbewusste Handhabung technischer Instrumentarien (Standardverfahren, Diagnostik etc.) und im Geist des Dialogischen geführte Gespräche. Und: Die Berater bleiben in Rufnähe, um Kandidaten zu betreuen: Sei es, dass sie dafür sorgen, dass sich Kandidaten immer besser einleben und beweisen können; sei es – wie in dem obigen Beispiel – dass klar wird, dass ein Kandidat am falschen Ort ist, und dass die Berater mit allen Beteiligten Alternativen suchen.

Zwei weitere Beispiele illustrieren, wie dieser Anspruch und dieses Pensum in der Praxis wirksam werden können.

Ein international tätiges Unternehmen suchte einen Verkaufsleiter, der auf der internationalen Bühne agieren sollte. HR-Chef und Personalberater arbeiteten sehr offen und eng im Sinn des Tandem-Gedankens zusammen. Mit dem Einverständnis des Präsidenten fiel die Wahl auf einen für eine solch verantwortungsvolle Position ungewöhnlich jungen Kandidaten. Er war gerade 31 Jahre jung. Doch sowohl seine Persönlichkeit als auch seine beruflichen Stationen hatten überzeugt.

Die Führungsspanne umfasste 30 Mitarbeitende, die vor Ort beim Kunden arbeiteten. Diese Anzahl an Mitarbeitenden ist laut Lehrbuch und Erfahrung zu viel, doch der junge Mann führte die Mitarbeiter mit Bravour. Das schaffte er vor allem dadurch, dass er oft präsent war und die Verkaufstätigkeiten sowohl strategisch als auch operativ lenkte, ohne zu bevormunden. Er war höchstgradig engagiert und trieb mit Elan das Kundenwachstum voran. Das Ergebnis: Innerhalb kurzer Zeit war die Anzahl der ihm direkt unterstellten Mitarbeiter auf 60 gewachsen.

Diese Führungsspanne war auf Dauer nicht vertretbar, und er drängte auf eine Lösung. Außerdem wollte er, da seine Verantwortung ebenfalls gewachsen war, sowohl im Gehalt als auch in der Hierarchie aufsteigen. Er, der Verkaufsleiter, wandte sich zunächst an den Personalberater, der ihn platziert hatte, um zu erfahren, ob er in dem Unternehmen „in der Richtung etwas erreichen könnte". Der Berater war diesbezüglich zuversichtlich. Verkaufsleiter und Berater verabredeten, den HR-Chef in die Überlegungen einzubeziehen. Zu dritt widmeten sie sich in einem ersten Schritt den Karrierevorstellungen des Verkaufsleiters. Gemeinsam kreisten sie ein, was ihn motivierte, worin er seine zukünftige Rolle sah und was dafür sprach, dass er diese Rolle ausfüllen könnte. Sie spezifizierten akribisch, welche persönlichen Überzeugungen und Beweggründe, welche unternehmerisch bedeutsamen Einstellungen und Handlungsweisen es rechtfertigen konnten, ihm auf dem Weg zu einer Be-

förderung zu helfen. Anschließend erarbeiteten sie ein Konzept, das sie dem Präsidenten vorlegten. Der Entwurf sah vor, dass eine weitere Führungsebene zwischen Verkaufsleiter und Mitarbeitenden eingezogen werden sollte. Die Idee war, vier Customer Director-Positionen zu schaffen, denen der Verkaufsleiter – ab dann in der Position eines Vice President Sales & Marketing – vorstehen sollte.

Mit diesem Konzept und der Berechnung der Mehrkosten von circa einer halben Million Euro marschierten HR-Chef und Berater zum Präsidenten. Und der ließ sich überzeugen! Zwei der Customer Directors wurden aus den eigenen Reihen rekrutiert; die zwei anderen wurden mithilfe des Beraters mit externen Kandidaten besetzt.

Dieser Prozess zog sich über einen längeren Zeitraum hin. Berater, HR-Chef und Kandidat blieben die ganze Zeit über in Kontakt. In unregelmäßigen Abständen nahm der Berater den Telefonhörer in die Hand und befragte den HR-Chef wie den ehemaligen Kandidaten nach den aktuellen Entwicklungen und Befinden. Ihm war es ein Anliegen, die Laufbahn des jungen Managers zu verfolgen und zugleich zu überprüfen, inwiefern dieser sich im Interesse seiner eigenen Entwicklung und des Unternehmenserfolgs entfalten und integrieren konnte. Der HR-Chef schätzte es, dass der Berater permanent am Ball blieb, sowohl in Bezug auf den ehemaligen Kandidaten als auch hinsichtlich der Veränderungen, die das Unternehmen durchlebte.

Wie ausschlaggebend der zuletzt erwähnte Aspekt für die beraterische Platzierungsqualität sein kann, soll das zweite Beispiel andeuten.

Das kleine mittelständische Unternehmen war im Markt der erneuerbaren Energien einer der hidden champions. Aufgrund der Überschaubarkeit der Anzahl an Mitarbeitern hatte der geschäftsführende Gesellschafter darauf verzichtet, eine Personalabteilung einzurichten. Es gab also keinen Personaler. Suchte er Kandidaten für sein Unternehmen, wandte er sich an eine Personalberatung, der er vollends vertraute. Warum? Weil die Berater nicht nur kamen, ihn interviewten, anschließend suchten und Kandidaten anschleppten. Sondern weil die Berater sich immer wieder neu und zuallererst im Unternehmen orientierten und etwa mit Mitarbeitern sprachen. Außerdem setzten sie sich mit ihm zusammen, um die aktuelle Lage des Unternehmens und seine Vision, wohin er mit dem Unternehmen wollte, zu diskutieren. Gegenstand der ausführlichen Gespräche war beispielsweise die Frage, was das Unternehmen bräuchte, um den Markt sauber zu bearbeiten; was für Kompetenzen und welche Typen von Personen er bräuchte, um seine Ziele erreichen zu können; welche Entwicklungsoptionen und Weiterbildungsmaßnahmen er anbieten wollte, um vorhandene Talente zu fördern. Bei all diesen Fragestellungen waren die Berater kompetente Sparringpartner – auch außerhalb von Suchaufträgen!

Zum Abschluss des Kapitels ein längeres Zitat. Wenn auch mit journalistischen Deutungen und Wertungen versehen, die aus unserem Verständnis mehr als heikel sind, beschreibt der Autor, Heimo Fischer, einen Fall, aus dem sich viel über Kandidatenauswahl und Platzierung lernen lässt. Der Fall rekapituliert durchaus die Verantwortlichkeit, die wir bei Beratern und Personalentscheidern sowie – in abgeschwächter Form – beim Kandidaten sehen.

Die Serie „Comeback-Kids" der Financial Times Deutschland stellte in der Ausgabe vom 08.11.2010 Wolfgang Bernhard vor. Unter anderem führt der Autor, Heimo Fischer, aus:

„Automesse Detroit im Jahr 2004: Elektropop dröhnt aus den Boxen, Neonblitze zucken, ein schwarzer Sportwagen rollt auf die Bühne. Ihm entsteigt ein Mann im Smoking: Wolfgang Bernhard, Vizechef der Daimler-Tochter Chrysler. ...Smart wirkt er, telegen. ... Damals ist dem Deutschen kein Auftritt zu spektakulär, keine Pose zu extrem. Einmal fährt er zu einem PR-Termin mit Lederjacke auf einem 500-PS-Motorrad vor. Bei Daimler pflegt er den Ruf des Kostenkillers mit klarer Ansage. ‚Es muss Blut fließen', lässt er seine Mitarbeiter wissen. Im Gegensatz dazu: Heute will er nur noch eins:

den harten Hund von damals vergessen machen. Und es soll niemand sagen, er gebe sich dabei keine Mühe. Bernhard hat dem laut dröhnenden Auftritt abgeschworen, den frechen Reden, den öffentlichen Veranstaltungen, er hat sich gehäutet und erneuert, duckt sich, igelt sich ein, schweigt. Ja, Wolfgang Bernhard tut alles, um nicht aufzufallen. Damit sie ihm nicht wieder vorwerfen können, er sei ein Heißsporn und Macho, wie damals, als er erst bei Daimler rausflog und dann bei Volkswagen. "

Heimo Fischer führt im Anschluss die einzelnen Stationen von Wolfgang Bernhard aus. In Kurzform: Berater bei McKinsey, unter anderem für Daimler Benz; Wechsel zum Autohaus: mit 33 Jahren Montageleiter im Werk Sindelfingen (4.200 Mitarbeiter); hoch engagiert: W. Bernhard habe sich an drei Tagen im Monat ans Band gestellt, um „das Autobauen von Grund auf zu lernen".

Im Jahr 2000, zusammen mit Dieter Zetsche, der Versuch, Chrysler zu retten (26.000 Stellen werden abgebaut, sechs Fabriken geschlossen); Wolfgang Bernhard *„festigt seinen Ruf als harter Aufräumer, der für ein hohes Amt berufen ist".* Mit 42 Jahren Aufstieg in den Daimler-Vorstand nach Deutschland mit der Perspektive, Mercedes-Chef zu werden. 2004 Stopp des rasanten Aufstiegs, angeblich wegen seiner Kritik an dem Vorstand und seinem Förderer Jürgen Schrempp, sich an dem japanischen Autobauer Mitsubishi zu engagieren. W. Bernhard wird zitiert mit den Worten: *„Tja, Jürgen, shit happens!"* Kurz bevor er Mercedes übernehmen soll, verliert er den Rückhalt im Aufsichtsrat und muss das Unternehmen verlassen. Wenige Monate später bezieht er das Vorstandsbüro in Wolfsburg. Es geht, so der Auftrag, um Kostenreduktion. Das neue Vorstandsmitglied verantwortet die Markengruppen VW, Skoda, Bentley und Bugatti.

„Als erste Amtshandlung feuert er den Motorenchef und kündigt an, er wolle in Wolfsburg ‚jeden Stein umdrehen'. Es dürfe ‚keine heiligen Kühe geben'. Seine Sitzungen mit den Produktentwicklern sind legendär. ‚Er hat sie alle auseinandergenommen', sagt ein Berater von damals. ... Bernhard wird

in Wolfsburg nicht glücklich. Durch seine forsche Art macht er sich wenig Freunde. … Und als dann Piechs Schützling Martin Winterkorn den Vorsitz übernimmt, wird klar: Es ist kein Platz für ein zweites Alphatier." Wolfgang Bernhard verlässt das Unternehmen 2007.

Danach fungiert er als Berater, beim US-Investor Cerberus und dem Autozulieferer Magna. Die Überraschung: zurück zu Daimler und, 2010, in den Vorstand. Über den Weg in der Funktion des Chefs der Transportersparte kürt Dieter Zetsche ihn zum Produktionschef für Mercedes. Nach angeblich anfänglichem Zögern kann Zetsche ihn überreden.

„Seitdem ist er ein Phantom. Man hört wenig von ihm, öffentlich tauscht er kaum auf. … Es heißt, er sei nicht mehr so hart und dominant in dem, was er sagt, trete sachlicher auf. Bei Werksbesuchen dürften die Mitarbeiter neuerdings auch Fragen stellen und mitdiskutieren – ein Novum. In den Montagehallen und Entwicklungswerkstätten von Mercedes soll er regelmäßig auftauchen. ‚Er greift konsequent ein, wenn es hakt oder wenn die Qualität nicht stimmt', sagt ein Aufsichtsrat. Bernhard sei dankbar für die neue Chance. … Der Verlierer von einst ist wieder die große Hoffnung des Autokonzerns."

Fehlbesetzung? Das Urteil ist leicht gefällt – übrigens immer erst im Nachhinein und damit dann, wenn sich die Umstände und mit ihnen viele andere Anforderungen geändert haben.

Fehlbesetzung? Nun, davon spricht keiner, solange die Person die mit ihr verbundenen Hoffnungen und Aufgabenstellungen erfüllt. Erst wenn das nicht mehr der Fall ist, beginnen Führungskräfte, sich am Kopf zu kratzen und zu fragen, ob er oder sie der oder die Richtige ist. Hier hilft es sehr, sich zweierlei bewusst zu machen. Erstens sollte gefragt werden, nach Ablauf von wie viel Zeit und welchen Leistungen diese Frage aufkommt. Welche produktiven Leistungen hat die Person bis dahin erbracht? Was macht es aus, dass plötzlich von Fehlbesetzung gesprochen wird? Zweitens trägt das Umfeld maßgeblich dazu bei, wie eine Person agieren kann. In diesem Umfeld tummeln sich sowohl sachliche Dinge wie Befugnisse, Aufgaben und Ziele als auch normative Dinge wie ausgesprochene oder unausgesprochene Normen im Verhalten. Vor allem anderen sind hier die Reaktionen von Kollegen, Vorgesetzten, Mitarbeitern bedeutsam. Wird alles, was die Person tut, belohnt oder zumindest toleriert, wird sie es weiter tun. Ein (erfolgreicher) Haudegen, der nicht gestoppt wird, bleibt ein Haudegen, weil (!) er nicht gestoppt wird! Der Hybris werden sämtliche Schleusen geöffnet.

Dieses Stoppen heißt nicht einfach, etwas zu verbieten, sondern Unterstützen: Im Vorfeld ist es die Aufgabe von Personalberater und Personalentscheidern, die persönliche Range von Eigenheiten des Kandidaten annäherungsweise zu erfassen. Einmal eingestellt, sind die Personalentwickler aufgerufen, sich Talenten, High Potentials oder High Performern zu widmen, zumal dann, wenn sie jung sind. Ihre Pflicht ist es, besonders jenen Führungskräften beizustehen, die eine neue oder herausfordernde und anforderungsreiche Aufgabe übernehmen. Ziel ist es, die Kompetenz zu kritischer Selbstreflexion und Selbstführung auszubauen, Umfeldsensibilität auszubilden und das Repertoire von Verhaltensmöglichkeiten zu erweitern.

Ein learning on the job findet zwar in jedem Fall statt. Wieder gilt: In der Vorbereitung, in der Phase der Auswahl bis zur Entscheidung gehört es zu den Pflichten von Berater und Personalentscheidern, herauszufinden, welche Rahmenbedingungen für die Kandidatenpersönlichkeit günstig sind. Das heißt, gemeinsam mit dem Kandidaten eine Antwort auf die Frage danach zu finden, unter welchen Bedingungen es wahrscheinlich ist, dass der Kandidat seine Stärken und Präferenzen zur Geltung bringen und in seiner Funktion seinen Beitrag zum Unternehmenserfolg leisten kann. Ist der Kandidat eingestellt, ist es vorzugsweise an Vertretern der Personalentwicklung und der oder dem Vorgesetzten, den Kandidaten zu begleiten, sprich: mit ihm einen intensiven Dialog zu pflegen. Erfahrungsgemäß stellen Vorgesetzte eher die fachlichen und sachlichen Aspekte in den Vordergrund, Personalentwickler eher die des sozialen Verhaltens. In ihrer beider Verantwortung liegt es (Stichwort: Tandem), mithilfe von Tools wie beispielsweise Mentoring oder Coaching dafür zu sorgen, dass die Person sich einleben und ihr Potenzial zum Nutzen des Unternehmens entfalten kann. Es sind die Personalverantwortlichen, die entscheidenden Einfluss darauf haben, inwiefern ein Kandidat die Gelegenheit erhält, im Dreieck von Können, Wollen und Dürfen effektiv und systematisch arbeiten und lernen zu können.

Als dritten Aspekt betonen wir die Bedeutung binnenkultureller Eigenheiten eines Unternehmens. In einem Unternehmen, in dem es schick oder angesagt ist, sich als Exot hervorzutun, und in dem außerdem stolz deklariert wird, „straight" oder „taff" zu sein, wird ein Wolfgang Bernhard mit Motorrad oder Lederjacke nicht negativ auffallen. Mercedes etwa wendet sich in seinen Werbespots heute nicht mehr nur an souveräne Senioren aus gehobenem Mittelstand oder bürgerlicher Elite, sondern zusätzlich unter anderen zunehmend an jene Milieus und Personen, die sich zugleich als ökologisch korrekt, dynamisch-erfolgreich und ästhetisch in der Lebensführung definieren. Die wortlose und musikreiche Werbung mit fast mystischem Flair, das zugleich Zukunft und Fortschritt vermittelt, spiegelt das wider. Auch in diesem Umfeld sind Motorrad, Lederjacke und markige Aufräumer-Sprüche deplatziert. Keinesfalls aber das Abweichen von Standards an sich! Diese fallen simpel anders aus. Die Kunst ist, sich innerhalb dieses Horizontes zu bewegen. Je repräsentativer eine Funktion ist, desto näher sollten Personalentscheider mit der Person auf Tuchfühlung sein, um im Bedarfsfall korrigierend eingreifen zu können. (Die gleichen Erwägungen müssen angestellt werden, wenn der Blick über das Unternehmen und seine Binnenkultur hinausgeht und sich auf die Kultur des Marktes und die der Zielgruppe(n) eines Produkts richtet. Die Repräsentanten müssen um der Glaubwürdigkeit willen auch diese externe Seite widerspiegeln. Aus diesem Grund ist das „Repräsentieren" durchaus eine anspruchsvolle Funktion, die klug besetzt sein will.)

Summa summarum: Personaler haben Anspruch darauf, von Beratern verantwortungsvoll, kompetent und zuverlässig und über die Platzierung hinaus bedient zu werden. Das ist möglich, wenn Personaler und Führungskräfte sich insofern Personalberatern öffnen, als sie es nicht nur zulassen, sondern fördern, dass diese einen intimen Einblick erhalten: in das Unternehmen (Kultur, Organisation, Vision, Marktdaten) und in die Abteilung oder das Team, wo der Kandidat platziert werden soll. Diese und weitere Daten dienen ihm dazu, das Profil zu schärfen, das der Kandidat mitbringen muss, um in dem Unternehmen in der anvisierten Funktion bestehen und erfolgreich sein zu können. Unter einer solchen Voraussetzung ist es dem Berater zudem möglich, als Business-Partner zu agieren. In dieser Funktion ist er mehr als eine Vermittlungsinstanz: Er tritt als ein mit Marktkenntnis und Unternehmenseinblick versorgter Sparringpartner auf, der einschätzen kann, was „geeignet" bei einem Kandidaten konkret ausmacht. Er sorgt dafür, dass alles zueinander passt: Kandidat, Unternehmen, Aufgabe.

3.
Der „passenden" Besetzung
eine Chance!

„Was haben Schönheitschirurgen und Bewerber gemeinsam? Beide tilgen Makel aus: der eine Falten im Gesicht; der andere Lücken im Lebenslauf." – Egal, wie bedeutsam „Falten", zum Beispiel eine Reise um den Globus vor Berufseinstieg, in einem persönlichen Lebenslauf für den Betreffenden sind, aufrichtige Bekenntnisse der privaten Motivation „liefern dem Personaler eine Steilvorlage, um Ihre Bewerbung auszusortieren. Und genau darin – im Aussortieren – sehen viele Personalentscheider ihren Job. Alles, was von der Norm abweicht, landet auf dem Haufen „unbrauchbar". (Martin Wehrle, ... und Ihr Gewinn, in: Die Zeit 18.11.2010, 93)

Damit genau das nicht passiert, sondern Personaler (Personalberater im Executive Search ohnehin) offenen Geistes sind und nicht Homogenität, sondern Vielfalt wagen, galt unser aufdringlicher Blick den Personalern. Wir starteten bei einem Faktum: Wir gingen aus von der Tatsache, dass sich Unternehmen durch Fehlbesetzungen schaden. Antworten auf die Frage, wo die Faktoren liegen, die Fehlbesetzungen begünstigen, fanden wir in der Art, wie die menschliche Psyche operiert, solange sie unbeobachtet tun kann, was sie tun will. Das gilt besonders für die Komponente der Voreingenommenheit wie für die Prozesse von Wahrnehmung und Beurteilung. Selbst Personaler sind nicht „Menscherkenner" per se. Diese These stützten wir mit Erkenntnissen aus der Sozialpsychologie und der Psychologie der Informationsverarbeitung, mit alltäglichen Erfahrungen im Rahmen von Beurteilungsvorgängen und sehen sie auch dadurch bestätigt, dass Personaler technisierte Auswahlverfahren bis hin zum Assessment Center ausgiebig nutzen. (Es gibt Unternehmen, die heute noch zusätzlich, wenn auch im Verborgenen, Verfahren wie Grafologie und Astrologie einsetzen.)

Weitere Antworten fanden wir in der Art und Weise, wie gewöhnlich Verfahren der Diagnostik für Eignung und Potenzialerfassung, für Selektion und Platzierung angewandt werden. Unser Plädoyer umfasste eine veränderte Umgehensweise damit: Statt darauf zu setzen, dass die Auswahlverfahren treffsichere Diagnosen erstellen, und statt so zu tun, als bildeten die Verfahren beziehungsweise deren Ergebnisse den Kandidaten in seiner

Persönlichkeit samt seinen Stärken und Präferenzen, Schwächen und Abneigungen, seiner faktischen Leistung (performance) und seines Potenzials (competence) ab, sollten die Ergebnisse als Bodensatz für weiterführende und gezielte Fragen behandelt werden. Entscheidungen, so unser Credo, fällen nicht Verfahren, sondern die Beurteilenden. Personalentscheidungen sind nicht an Verfahren delegierbar. In diesem Zusammenhang gaben wir Anregungen, Standardverfahren mindestens zu ergänzen: mit ausgefeilten, gut vorbereiteten Gesprächsszenarien, in denen der Kandidat oder die Kandidatin im Mittelpunkt steht.

Ferner lokalisierten wir in dem Zusammenspiel von Personalberatern und Personalentscheidern einen Faktor, der Fehlbesetzungen begünstigen oder verhindern helfen kann. Jeder spielt dabei eine spezielle Rolle. In der Verantwortung des Beraters liegt maßgeblich, dass er sein Handwerk beherrscht und alle Beteiligten aktiviert, ihr Bestes dafür zu geben, die geeignetste Person ausfindig zu machen. Gemeinsam mit Personalern positioniert er sich als verantwortungsbewusster Business-Partner des Topmanagements und übernimmt unternehmerische Mitverantwortung: für die Platzierung und eine gewisse Zeit danach.

Auf der Seite von HR hoben wir hervor, mehr Selbstbewusstsein zu entwickeln und den Ehrgeiz zu haben, sich Kompetenzen (Wissen, Erfahrung und Können) anzueignen, um als Sparringpartner für das Topmanagement ernst genommen werden zu können. Dies nicht als Selbstzweck, sondern um der unternehmerischen Mitverantwortung frühestzeitig nachkommen zu können. Insbesondere dann, wenn es gilt, Schlüsselpositionen zu besetzen, müssen Personaler wissen, wie es um das Unternehmen steht, welche Strategien aktuell und welche zukünftig in Betracht gezogen und welche Geschäftsmodelle erwogen werden, wohin es mit dem Unternehmen in welchen Marktregionen gehen soll. Denn daraus leiten sie ab, welche organisatorischen Rahmen einen Kandidaten erwarten und welche fachlichen und persönlichen Kompetenzen und Potenziale ein Kandidat in einer möglichst klar umrissenen oder bewusst nur perforierten Funktion mitbringen muss, um die Erwartungen, die in ihn gelegt werden, erfüllen zu können. Der Personalentwicklung obliegt es, den Kandidaten nach der Einstellung dabei mit individuell zugeschnittenen Programmen und Maßnahmen zu unterstützen. Zu dieser Rolle von HR gehört auch, dass sich die Vertreter als Dienstleister und Berater verstehen. Beide Rollen können sie vornehmlich dann effizient ausfüllen, wenn sie mit den Führungskräften (ihren Kunden) ein Tandem mit wechselnder Führung bilden.

Als Tandem agieren sie vor und mit dem Kandidaten. Es ist die Kandidatenpersönlichkeit, die im Mittelpunkt steht. Gleichzeitig sind die Personalentscheider aufgefordert, diese Persönlichkeit einzubetten in die Vielfalt der Kontextfaktoren. Es geht darum, herauszufinden, inwiefern Kandidat und Unternehmen zueinander passen. Die Anpassungsleistungen des Kandidaten sind nämlich nicht willkürlich, sondern gebunden an das, was er an Fähig- und Fertigkeiten, an Motivation und Ambition, an Wissen und mentaler Bereitschaft mitbringt. Es sind die Rahmenbedingungen, die maßgeblich entscheiden, was von dem Vorhandenen und Möglichen verwirklicht werden kann. Aus einem Strauch kann bei passender Umgebung und Witterung ein breit wuchernder und wunderbar blühender Strauch werden, aber niemals ein Baum. Dann zu behaupten, der Baum sei eine Fehlbesetzung, wäre ein Fehlurteil. Denn der Fehler der Entscheider würde dem Kandidaten aufgehalst. Schlau sind jene Personalentscheider, die diesen Faktor des Kontextes von vornherein beachten.

Wenn Sie, werte Leserin und werter Leser, in unseren Ausführungen vermisst haben, dass wir uns zu interkulturellen Fragen äußern, dann widersprechen wir Ihnen nicht. Diese Thematik kommt in diesem Buch im Verborgenen und explizit eher beiläufig vor. All das, was wir zu psychischen Mechanismen und Verhaltensweisen ausgeführt und belegt haben, können Sie eins zu eins auf interkulturelle Fragestellungen anwenden. Die Auswirkungen, die wir beschrieben haben, potenzieren sich in einem interkulturellen Umfeld, sind also keineswegs völlig neuer Herkunft. Allerdings verdient dieser Komplex eine konzentrierte Behandlung. Und die werden wir an einem anderen Ort liefern.

Ein ernst gemeintes Augenzwinkern zum Schluss. Immer wieder haben wir betont, wie wichtig es ist, gewohnte Bahnen im Denken, Fühlen und Handeln zu verlassen und neue, fremde auszuprobieren. Dabei geht es nicht darum, das Gewohnte abfällig zu behandeln, es geringzuschätzen oder gar zu vergessen. Vielmehr geht es darum, die persönliche Klaviatur um einige Tasten zu bereichern. Die Optionen im Denken, Fühlen und Handeln zu mehren, darin sehen wir eine Grundvoraussetzung dafür, innerlich und äußerlich beweglich: flexibel sein zu können.

In einem Interview mit dem Tänzer und Choreografen William Forsythe, Chef der Forsythe-Kompanie, über „Struktur" (*Süddeutsche Zeitung* vom 20.11.2010) stießen wir auf Formulierungen, die genau das meinen und zugleich einer völlig anderen Welt als der der Ökonomie entspringen. Der Grund, weshalb wir den Choreografen zitieren, liegt in zwei Aufforderungen, die wir damit verbinden möchten: Erstens: Schauen Sie bewusst zur Seite. Lassen Sie sich – etwa durch Lektüre – auf unvertraute Welten und damit Sicht- und Fühl- und Handlungsweisen ein. Denn sie bereichern, machen demütig und lassen die Achtung vor dem Anderen entstehen, die wir für die Tätigkeit von Beratern, Personalern und Führungskräften als notwendige Voraussetzung begreifen. Zweitens: Suchen Sie nach dem viel zitierten Best Practice nicht nur in der eigenen Welt (der Branche, des Marktes), sondern beschreiten Sie andere Theater. Via Analogieverfahren lässt sich viel lernen!

William Forsythe ist in der Szene ein gefeierter Star. Zum einen weil er ein begnadeter Tänzer und Choreograf ist. Zum anderen, weil er philosophisch inspiriert (Dekonstruktivismus und Postmoderne) Strukturen und Körper zusammenbringt, mit Installationsformationen experimentiert. Danach gefragt, was das Prinzip des Kontrapunktes aus der Musik für ihn und seinen Tanz bedeute, antwortet er:

„Das ist eine knifflige Frage. Was meinen Sie, wie lange ich daran getüftelt habe. Es lässt sich so erklären: Wenn auf einer Bühne alle in der gleichen Geschwindigkeit tanzen, die gleiche Form, die gleiche Pose buchstabieren, hat man den guten alten Gleichklang. Sobald man nur einen Parameter ändert, beginnt der Kontrapunkt zu wirken – wenn also einige Eigenschaften des Gleichklangs geteilt werden, aber nicht alle und nicht zu allen Zeitpunkten, dann ist der Kontrapunkt am Werk."

Für den Moment lenken wir Ihre Aufmerksamkeit nicht auf den Systemgedanken, sondern darauf, dass unser Verständnis der Kandidatenplatzierung genau das meint: Passung im Sinn von Überlappung oder Überschneidung; Passung im Sinn einer gemeinsamen Schnittmenge – nicht notwendig Identität und Homogenität.

Diesen Aspekt kombinieren wir mit dem Grundsatz, den der Choreograf und Vater von zwei Kindern eben diesen mit auf ihren Weg gegeben hat:

„Dass sie akzeptieren müssen, dass sie die Positionen anderer nicht immer verstehen können. Es ist so leicht, eine Meinung über andere zu haben, aber: Hat man sie wirklich verstanden?"

Verstehen soweit möglich: dem anderen zuhören, ihn offenen Geistes befragen; Andersartigkeit wohlwollend begegnen, Verständnis überprüfen und in den jeweiligen Kontext einordnen. Diese Haltung – idealerweise bei Kandidaten und Entscheidern – scheint uns eine günstige Voraussetzung zu sein, um im Dialog herauszufinden, wer wohin aus welchen Gründen am ehesten passt. Fehlbesetzungen gehören dann zur Kategorie der Ausnahme; nachhaltig erfolgreiche Platzierungen zur Regel.

4. Literaturverzeichnis

Hendrik Ankenbrand, Die Älteren sind wieder da, in: Frankfurter Allgemeine
Sonntagszeitung, 7.11.10, 46f.

Dan Ariely, Denken hilft zwar, nützt aber nichts: Warum wir immer wieder unvernünftige Entscheidungen treffen, München 2008

Dan Ariely, Fühlen nützt nichts, hilft aber: Warum wir uns immer wieder unvernünftig verhalten, München 2010

Franziska Brüning, Kandidat in der Endlosschleife, in: Süddeutsche Zeitung
11.09.10

Hans-Jörg Bullinger, Teile und Forsche, in: Technology Review,
Oktober 2010, S. 41f

Nicholas Carr, Wer bin ich, wenn ich online bin...: und was macht mein Gehirn
solange? - Wie das Internet unser Denken verändert München 2010

Frank E.P. Dievernich, Gefangen in der Organisation. Pfadabhängigkeit im Management. In: ManagerSeminare, Heft 120, 2008, 21-24

Charles Donkor, Generation Y – die neue Herausforderung für Führungskräfte, in:
Voigt, Connie (Hrsg.), Interkulturell führen. Offenbach 2010, 121-129

Frank Edelkraut, Die Chemie muss nicht stimmen", in: ManagerSeminare H 151,
Oktober 2010, S. 16

Bernd-Joachim Ertelt, William E. Schulz, Handbuch Beratungskompetenz,
2. erw. Aufl., Leonberg 2008

Mark Fehr, Als Zerrbild entlarvt, in: Wirtschaftswoche 45, 8.11.2010, S. 48

Juliane Lutz, Seid nett zueinander, in: Süddeutsche Zeitung vom 14.10.10, S. 28

Heimo Fischer, Heimo, Serie „Comeback-Kids", in: Financial Times Deutschland
08.11.2010

William Forsythe, Struktur, in: Süddeutsche Zeitung vom 20.11.2010

Frankfurter Allgemeine Sonntagszeitung, Test für Führungsaufgabe; detaillierter Test: http://fazjob.net/managertest, 25.9.10

Gerd Gigerenzer, Bauchentscheidungen. Die Intelligenz des Unbewussten und
die Macht der Intuition, Gütersloh 2007

Malcom Gladwell, „Blink". Die Macht des Moments, München 2007

Gordon Lippitt, Ronald Lippitt, Beratung als Prozess. 4. Aufl., Leonberg 2006

Sylvia Heinz (Hrsg.), Reader zum Assessment Center, Wintersemester 1999/2000
Dozent: Armin Stock, S. 145ff

Ulrich Herrmann (Hrsg.), Neurodidaktik. Weinheim, Basel 2006; Bundesminis-ter-ium für Bildung und Forschung, Lehr-Lern-Forschung und Neurowissen-schaften – Erwartungen, Befunde, Forschungsperspektiven, Bonn, Berlin 2007

Steffen W. Hillebrecht, Anke Peiniger, Grundkurs Personalberatung, Leonberg, 3. Aufl. 2010

Sarah Kramer, Fehlgriff, in: Berlin Maximal, Wirtschaftsmagazin für den Mittel-stand der Region Berlin Ausgabe 3/2010

Frank Krause, Notstopp – Ein Manager mit Burn-out steigt aus. Books on De-mand 2010

Peter Kruse, Erfolgreiches Management von Instabiltät. Offenbach, Gabal 2004

Julia Löhr, Ein roter Teppich für die Frauen (zwischen 40 und 50), in: Frankfur-ter Allgemeine Zeitung 23.10.2010, C3

Anna Loll, Ohne Plan geht`s auch, in: Frankfurter Allgemeinen Sonntagszeitung, 18./19.09.2010, C1

Kate Ludeman, Eddie Erlandson, Coaching the Alpha Male, Harvard Business Review, May 2004, 1-12; und: Are Overconfident CEOs Born or Made? Evidence of Self-Attribution Bias from Frequent Acquirers; www.comlink.de, Brauchen wir Alpha-Tiere als Führer? Was bedeutet der Trend zur „Führungspersönlich-keit" wirklich? Unter anderem Beiträge der von Matthew T. Billetta and Yiming Qianb, May 2006

Regina Mahlmann, Bernd F. Pelz, Zur Vereinbarkeit von beiden Paradigmen: Erfolgsplanung KMU. Souveräne Unternehmensführung durch systemische Er-neuerung, Leonberg 2006

Regina Mahlmann, Bernd F. Pelz, Manager im Würgegriff, Leonberg 2007

Regina Mahlmann, Führen durch Zielvereinbarung – nur ein alter Hut? In: Blick-punkt: KMU Ausgabe 1/2009, Februar, Jg 5, S. 64-67

Regina Mahlmann, Konflikte managen. Psychologische Grundlagen, Modelle und Fallstudien, Weinheim/Basel 2000

Regina Mahlmann, Die verstehen uns nicht. Tandem-Modell. In: Personalmagazin 10/2007, S. 38-41

Hans-Joachim Markowitsch, Dem Gedächtnis auf der Spur. Vom Erinnern und Vergessen, Darmstadt 2002

Petra Meyer, Angst vor dem Scheitern. Junge Deutsche meiden die Selbstständigkeit. Welche Eigenschaften brauchen erfolgreiche Existenzgründer?", Süddeutsche Zeitung 25.09.2010, V1

Christoph Nagler, Die PE scheut oft davor zurück, Ergebnisziele festzulegen, in: Wirtschaft+Weiterbildung 11.12.2010, S. 12

Pilgram Pilgram, Die Werte zählen, in: Süddeutsche Zeitung vom 2./3.10.2010

Ernst Pöppel, Zum Entscheiden geboren. Hirnforschung für Manager, München 2008

Dagmar Preißing (Hrsg.), Erfolgreiches Personalmanagement im demographischen Wandel, München 2010

Marc Prensky, Digital Natives, Digital Immigrants, On the Horizon, MCB University Press, Vol. 9 No. 5, October 2001

Hanspeter Reiter, Generation 50 plus in: Verlagshandbuch 2/2010, 1–16

Sandra Schmid, Stellungnahme Persönlichkeitstests – Ein personaldiagnostisches Instrument im Rahmen der Personalauswahl, Zürcher Hochschule für Angewandte Wissenschaften 2006

Ulrich Renz, Schönheit. Eine Wissenschaft für sich. Berlin Verlag, Berlin 2007; Bischoff, Sonja: Wer führt in (die) Zukunft? Reihe DGFP.PraxisEdition, Band 97, Bertelsmann, Bielefeld 2010

Christoph Scholz, Personalmanagement: informationsorientierte und verhaltenstheoretische Grundlagen, 5. Aufl., München 2000

Peter Senge, Die fünfte Disziplin, Stuttgart 2006

Herbert Simon, Interview in: Psychologie heute, Juni 2003, 33-37

Olaf Storbeck, Selbstüberschätzung bei Managern. Ich, das Genie, in: Handelsblatt 14.7.2008

Rolf Schulmeister, Gibt es eine »Net Generation«? Erw. Version 3.0, Universität Hamburg Zentrum für Hochschul- und Weiterbildung, Hamburg 2010, www.zhw.uni hamburg.de/zhw/?page_id=148

Gary Small, Gigi Vorgan, Maren Klosterman, iBrain. Wie die neue Medienwelt das Gehirn und die Seele unserer Kinder verändert. Stuttgart, 2009

Nassim Nicholas Taleb, Der Schwarze Schwan. Die Macht höchst unwahrscheinlicher Ereignisse, München 2008

Kreativ trotz Krawatte

Jens-Uwe Meyer
Kreativ trotz Krawatte
Vom Manager zum Katalysator – Wie
Sie eine Innovationskultur aufbauen

240 Seiten; 2010; 24,80 Euro
ISBN 978-3-86980-073-8; Art-Nr.: 836

Unternehmen, die ihre Mitarbeiter zu neuen Ideen motivieren, können Berge versetzen, andere gehen die ausgetretenen Pfade immer und immer wieder. Unternehmen, die eine kreative Kultur aufbauen, können schnell und flexibel reagieren, andere bleiben in festgefahrenen Prozessen stecken. Vier von fünf Mitarbeitern könnten Ideen haben, die das Unternehmen voranbringen: Für bessere Abläufe, einzigartigen Kundenservice, originelles Marketing, neue Produkte, Dienstleistungen und Geschäftsmodelle.

Warum haben sie solche Mitarbeiter nicht? Weil sich neue Ideen nur durch neue Führungsmethoden hervorbringen lassen. Kreativität lässt sich nicht per Knopfdruck erzwingen, Ideen unterliegen ganz eigenen Spielregeln. Wer sie kennt, profitiert von den Geistesblitzen seiner Mitarbeiter. Wer sie missachtet, verpasst die Gelegenheit, neue Einsichten, neue Ansätze und neue Herangehensweisen zu erhalten.

Jens-Uwe Meyer illustriert in seinem neuen Buch, wie Sie mit ungewöhnlichen Denkwegen eine Innovationskultur aufbauen und Ungewöhnliches erreichen.
Sie lernen die wichtigsten Ergebnisse der internationalen Kreativitätsforschung kennen und erfahren, wie Sie diese für Ihr Unternehmen nutzen können. Und Sie erfahren, warum es Zeit wird, mit den Klischees und den Mythen rund um das Thema Kreativität radikal zu brechen.

Leader gesucht

Heinz Kaegi
Leader gesucht
from hard work to heart work. –
Der Weg vom Manager zur Führungspersönlichkeit

192 Seiten; 2010; 19,80 Euro
ISBN 978-3-86980-070-7; Art-Nr.: 848

Wie Führungskräfte, die ihr verborgenes Potenzial entfalten

Unternehmen ohne Saft

Nach anerkannten Studien gehen zurzeit zum Beispiel in Deutschland weniger als 20 Prozent der Mitarbeitenden mit einer hohen emotionalen Bindung zur Arbeit. Das Resultat: Die Seele von Unternehmen flüchtet in die Freizeit; die Wettbewerbsnachteile kosten Milliarden.

Leader mit Kraft

Die Wirtschaft braucht für eine nachhaltige Wertschöpfung mehr Leader mit Kraft anstelle von Managern mit Macht. Gefordert sind Führungs-Persönlichkeiten, die bei sich und anderen verborgenes Potenzial freilegen und eine Zukunft schaffen, welche die Mitwirkenden emotional bewegt, deren Produktivität steigert und ihre Zielgruppen begeistert.

- Ein Kompass für die Sinnfindung und Neuausrichtung von innen
- Ein umfassendes Leitbild für den persönlichen Weg des Leaders
- Mit LEX Leaders Excellence® Potenzial-Analyse
- Mit sieben Gesetzmäßigkeiten für Leadership

„Die Entwicklung und Realisierung der sieben Stufen zum Leader ist eine ebenso grundsätzliche wie ernsthafte Aufgabe für Führungskräfte. Sie erfordert unter anderem kritisches Denken, Mut und Vertrauen. Ein starkes Paket." PHILIPPE C. MERK, CEO Audemars Piguet Holding SA, Manufacture d'Horlogerie

Winfried Neun
Warum es uns so schwer fällt, das Richtige zu tun
Die Psychologie der Entscheidungen

240 Seiten; 2011; 24,80 Euro
ISBN 978-3-86980-112-4; Art-Nr.: 857

Ein Grund für dieses Verhalten ist, dass wir nicht von Wahrnehmung, Erfahrungen und Erlerntem gesteuert werden, sondern vielmehr davon welche Eigenschaften uns dominieren. Sind wir kreativ, enthusiastisch, perfektionistisch, ... ? Genau diese Eigenschaften beeinflussen unser Verhalten, die Art und Weise, wie wir die Faktenlage bewerten und Entscheidungen treffen. Unser ach so freier Willen ist viel weniger frei als wir uns selbst zugestehen möchten.

Wir glauben Studien, die das Papier nicht wert sind, worauf Sie gedruckt sind, wir folgen wie Lemminge (selbst ernannten) Experten, Managern, Politikern und konsumieren kritiklos die Meinungsmache der Medien. Der Wirtschaftspsychologe und Innovationsexperte Winfried Neun illustriert amüsant, in welcher Wechselwirkung Verhalten und Umwelt zueinander stehen. In einer inspirierenden Reise durch unsere Evolution, unsere Emotionen und unser Gehirn werden Sie erkennen, warum wir so anfällig und unzulänglich sind und was wir dagegen machen können.